Cuibai Fan

L'influence de certains aliments sur des fonctions immunitaires

Cuibai Fan

L'influence de certains aliments sur des fonctions immunitaires

Effets de la lactoferrine, de probiotiques et de sphingolipides sur la souris

Presses Académiques Francophones

Impressum / Mentions légales

Bibliografische Information der Deutschen Nationalbibliothek: Die Deutsche Nationalbibliothek verzeichnet diese Publikation in der Deutschen Nationalbibliografie; detaillierte bibliografische Daten sind im Internet über http://dnb.d-nb.de abrufbar.
Alle in diesem Buch genannten Marken und Produktnamen unterliegen warenzeichen-, marken- oder patentrechtlichem Schutz bzw. sind Warenzeichen oder eingetragene Warenzeichen der jeweiligen Inhaber. Die Wiedergabe von Marken, Produktnamen, Gebrauchsnamen, Handelsnamen, Warenbezeichnungen u.s.w. in diesem Werk berechtigt auch ohne besondere Kennzeichnung nicht zu der Annahme, dass solche Namen im Sinne der Warenzeichen- und Markenschutzgesetzgebung als frei zu betrachten wären und daher von jedermann benutzt werden dürften.

Information bibliographique publiée par la Deutsche Nationalbibliothek: La Deutsche Nationalbibliothek inscrit cette publication à la Deutsche Nationalbibliografie; des données bibliographiques détaillées sont disponibles sur internet à l'adresse http://dnb.d-nb.de.
Toutes marques et noms de produits mentionnés dans ce livre demeurent sous la protection des marques, des marques déposées et des brevets, et sont des marques ou des marques déposées de leurs détenteurs respectifs. L'utilisation des marques, noms de produits, noms communs, noms commerciaux, descriptions de produits, etc, même sans qu'ils soient mentionnés de façon particulière dans ce livre ne signifie en aucune façon que ces noms peuvent être utilisés sans restriction à l'égard de la législation pour la protection des marques et des marques déposées et pourraient donc être utilisés par quiconque.

Coverbild / Photo de couverture: www.ingimage.com

Verlag / Editeur:
Presses Académiques Francophones
ist ein Imprint der / est une marque déposée de
AV Akademikerverlag GmbH & Co. KG
Heinrich-Böcking-Str. 6-8, 66121 Saarbrücken, Deutschland / Allemagne
Email: info@presses-academiques.com

Herstellung: siehe letzte Seite /
Impression: voir la dernière page
ISBN: 978-3-8381-7850-9

AgroParisTech

INSTITUT DES SCIENCES ET INDUSTRIES DU VIVANT ET DE L'ENVIRONNEMENT
PARIS INSTITUTE OF TECHNOLOGY FOR LIFE, FOOD AND ENVIRONMENTAL SCIENCES

Ecole Doctorale
ABIES

Agriculture
Agriculture
Alimentation
Food
Biologie
Biology
Environnement
Environment
Santé
Health

N°/_/_/_/_/_/_/_/_/_/_/_/

THÈSE

pour obtenir le grade de

Docteur

de

l'Institut des Sciences et Industries du Vivant et de l'Environnement (Agro Paris Tech)

Spécialité : nutrition humaine

présentée et soutenue publiquement

par

FAN Cuibai

Le 22 septembre 2008

L'influence de la lactoferrine, de probiotiques et du SM3 (extrait enrichi en sphingolipides) sur des fonctions immunitaires de la souris

*Directeur de thèse : **Daniel TOME***

Travail réalisé : INRA-AgroParisTech, UMR914 Physiologie de la Nutrition et du Comportement Alimentaire, F-75005 Paris

Devant le jury :

Mme. **Christine HOEBLER,** Ingénieur de recherche, **INRA** Nantes		Rapporteur
Mme. **Isabelle OSWALD,** Directeur de recherche, **INRA** Toulouse		Rapporteur
M. **Saïd Bouhallab,** Professeur, INRA Renne		Examinateur
Mme. **Anne-Marie DAVILA-GAY,** Maître de Conférences, **AgroParisTech**		Examinateur
Mme. **Christine MARTIN-ROUAS,** Responsable Nutrition, SOREDAB		Examinateur
M. **Daniel TOME,** Professeur, **AgroParisTech**		Examinateur

L'Institut des Sciences et Industries du Vivant et de l'Environnement (Agro Paris Tech) est un Grand Etablissement dépendant du Ministère de l'Agriculture et de la Pêche, composé de l'INA PG, de l'ENGREF et de l'ENSIA (décret n° 2006-1592 du 13 décembre 2006)

SOMMAIRE

1

4

RESUME

Certains aliments ou composants des aliments ont des effets physiologiques et psychologiques bénéfiques en plus de leur rôle de base, en fournissant des substances nutritives nécessaires pour couvrir les besoins nutritionnels d'un individu. L'identification de ces composants biologiquement actifs dans les produits alimentaires est en développement et est un axe d'étude important des industriels de l'agroalimentaire.

L'objectif de ce travail était de caractériser les effets induits par la consommation de la lactoferrine, de deux souches de bactéries lactiques (*Lactobacillus acidophilus* NCFM et *Bifidobacterium animalis* Bb12) et du SM3 sur le système immunitaire digestif (plaques de Peyer) et périphérique (rate et sérum) chez les souris BALB/c. Les ingrédients ont été utilisés dans des régimes, seuls ou en association.

Tout nous porte à croire que les deux souches de probiotique utilisées se retrouvent viables et cultivables en nombre suffisant dans les fèces pour effectuer les fonctions bénéfiques revendiquées. Le SM3 joue un rôle « positif » sur la flore fécale lactobacille en augmentant leur concentration et probablement en modifiant la composition des espèces. La lactoferrine n'a pas eu d'effet sur la flore lactobacille ou bifidobactérie. Les différents régimes ont modulé des paramètres immunitaires innés (phagocytose) et des paramètres immunitaires adaptatifs (immunoglobulines et la répartition des cellules T et DCs). Notamment, les résultats concernant le recrutement des DCs de type Th1 sont originaux par rapport aux autres travaux du même type. Ces modifications ont été observées au niveau local mais également au niveau systémique. Le ratio de NON-HDL$_{ch}$/HDL$_{ch}$ a été amélioré par les régimes contenant des bactéries et/ou du SM3. Nous avons mis en évidence un effet dose pour le SM3 et un phénomène d'interaction entre le SM3 et les probiotiques.

Nos résultats apportent des arguments pour classer ces trois ingrédients parmi les ingrédients fonctionnels. Cependant, des travaux supplémentaires sont nécessaires afin de mieux comprendre les mécanismes sous-jacents.

Mots clés : aliment fonctionnel, lactoferrine, probiotique, SM3, sphingolipides, écosystème intestinal, système immunitaire, rate, plaque de Peyer, activité phagocytaire, activité NK, immunoglobuline, phénotypage cellulaire, lymphocyte, cellule dendritique, cholestérol, ratio NON-HDL_{ch}/HDL_{ch}

ABSTRACT

Effect of lactoferrin, probiotics and SM3 on immune function in mice

Specific foods have been shown to improve disease resistance and general health status. The identification of biologically active components within these food products increases and focuses large interests from agriculture and food industries.

The aim of this work was to characterize the effects induced by consumption of lactoferrine, two strains of lactic bacteria (*Lactobacillus acidophilus* NCFM® and *Bifidobacterium animalis* Bb12®) and SM3® on the intestinal immune system (Peyer patches) and the peripheral immune system (spleen and serum) of BALB/c mice. Ingredients were incorprated in diets either in combination or alone.

We confirmed that the two strains of probiotic bacteria used in this study could be found viable and cultvable in sufficient numbers in the faeces to legitimate claim benefits. The SM3 had a positive effect on fecal lactobacilli flora by increasing the concentration and probably by changing the composition of species. Lactoferrin had no effect on lactobacilli or bifidobacteria flora. The various diets used in this study have modified both innate immune parameters (phagocytosis) and the adaptive immune parameters (immunoglobulins and the repartition/distribution of T cells ans DCs). Particularly, our results showing the recruitment of Th1 type DCs are original compared to similar works. These modifications have been observed at the local level but also at the systemic level. The No-

HDL_{ch}/HDL_{ch} ratio was significantly improved by diets containing bacteria and/or SM3. We identified a dose-dependent effect of the SM3, and an interaction phenomenon between the SM3 and probiotics.

Our results favor the use of these three ingredients as food complements. However, additional work would be necessary to better understand the mechanisms underlying claimed benefits on health.

Key words: functional food, lactoferrin, probiotic, SM3, sphingolipids, intestinal ecosystem, immune system, spleen, Peyer patches, phagocytosis activity, NK activity, immunoglobulin, cell phenotype, lymphocyte, dendritic cell, cholesterol, ration No-HDL_{ch}/HDL_{ch}

ABREVIATIONS

ADCC	*antibody-eependent cell-mediated cytotoxicity*
ADN	acide désoxyribonucléique
AGCC	acide gras à chaîne courte
ARN	acide ribonucléique
B	lymphocyte B
BLRs	récepteur des cellules B
CMH	complexe majeur d'histocompatibilité
CPA	cellules présentatrices d'antigènes
CSF	facteur de croissance hématopoïétique
DC	cellule dendritique
GALT	*gut-associated lymphoid tissue*
HDL	*high density lipoprotein*
HDLch	HDL cholestérol
IDL	*intermediate density lipoprotein*
IFN	interféron
Ig	immunoglobuline
Il	interleukine
LAK	*lymphokine-activated killer cell*
LDL	*low density lipoprotein*
LDLch	*LDL cholestérol*
Lf	lactoferrine
LIE	lymphocyte intraépithélial
M	*microfold cells*
MALT	*mucosa-associated lymphoïde tissue*

MFI	*mean fluorescence intensity*
MRS	gélose de Man, Rogosa & Sharp
MW	gélose Wilkins-Chalgren modifiée
NK	*natual killer*
PCR	*polymerase chain reaction*
PM	pois moléculaire
PP	plaque de Peyer
Pr	probiotique
PRR	*pattern recognition receptors*
SEM	*standard error of the mean*
SEMs	*sphingolipids-enriched microdomains*
SVF	sérum de veau fétal
T	lymphocyte T
Tc	lymphocyte T cytotoxique
TG	triglicyrides
TGF-β	facteur de croissance des tumeurs β
Th	lymphocyte T helper
TLRs	récepteur des cellules T
TNF	facteur de nécrose des tumeurs
UFC	unité formant colonie
VLDL	*very low density lipoprotein*

LISTE DE TABLEAUX

LISTE DE FIGURES

INTRODUCTION GENERALE

Ce travail a été réalisé au sein de l'UMR de physiologie de la nutrition et du comportement alimentaire, INRA-AgroParisTech, dirigée par Daniel Tomé. Il est le fruit d'une étroite collaboration entre cette unité et les sociétés Bongrain et Corman.

S'alimenter est essentiel pour la croissance et la survie des êtres vivants. Cependant, il existe des nutriments qui, bien que contribuant comme source d'énergie ou apport de molécules de base, contiennent également des composants additionnels qui améliorent la résistance aux maladies et participent par leurs propriétés à l'état de santé général des individus. L'importance de ce concept est reflétée par le développement récent des aliments fonctionnels. Ceux-ci peuvent être des nutriments naturels ou résulter de la modification d'ingrédients naturels. Les fonctions modifiées par ces nutriments concernent, entre autres, la flore intestinale et le système immunitaire. Ainsi, certains ont la capacité de modifier la composition et/ou l'activité de la flore microbienne intestinale. Ils peuvent également moduler le système immunitaire intestinal ce qui peut avoir comme conséquence un nouvel équilibre et donc une modification des réponses immunes. Les nutritionnistes et les industriels de l'agroalimentaire cherchent donc à caractériser de tels nutriments avec des effets bénéfiques sur le bien-être de l'hôte.

Parmi ces nutriments, on trouve la lactoferrine, certains micro-organismes probiotiques et les sphingolipides. Ces composés agissent soit directement, soit par l'intermédiaire de la flore digestive. De nombreux travaux ont montré que les micro-organismes non pathogènes, en particulier utilisés pour la préparation des produits laitiers agissent sur le système immunitaire et peuvent renforcer les défenses naturelles de l'organisme. Les sphingolipides ou certains de leurs métabolites (céramides, sphingosines), possèdent diverses activités régulatrices pouvant intervenir dans la croissance et la différenciation de différents types cellulaires dont les lymphocytes. De même, la lactoferrine possède une activité de type facteur de croissance et intervient dans le contrôle des processus de prolifération et de différenciation cellulaire et possède un effet immuno-modulateur.

L'objectif industriel de ce travail est d'évaluer dans quelle mesure, la lactoferrine, les probiotiques et le SM3, seuls ou en mélange, peuvent être utilisés comme ingrédients fonctionnels en formulation d'aliments.

Une hypothèse servant de base à ce travail est que les trois types de compléments alimentaires possédent bien les propriétés régulatrices (avérées ou soupçonnées) : (1) la lactoferrine, une protéine du lait possédant des propriétés bio-actives, (2) deux souches de bactéries lactiques utilisées fréquemment pour la fabrication de produits laitiers et qui sont considérées comme des probiotiques : *Lactobacillus acidophilus* NCFM® et *Bifidobacterium animalis* Bb12®, (3) un extrait de lait bovin enrichi en lipides : le SM3®, composé en partie de sphingolipides supposés appartenir à une nouvelle famille d'ingrédients fonctionnels. Très peu d'études scientifiques ont essayé de déterminer les effets d'associations de composants fonctionnels. Par conséquent, une autre hypothèse formulée dans le cadre de ce travail est que, des combinaisons de composants fonctionnels peuvent potentialiser certains de leurs effets.

21

L'essentiel de ce travail a été dédié à l'étude de l'influence de ces composants, seuls ou en association, sur l'immunité intestinale et périphérique chez la souris. Du point de vue mécanistique les effets de ces ingrédients peuvent être directs ou indirects, par exemple en s'exerçant par le biais de la flore du tube digestif. Nous avons donc mis en oeuvre les trois composants alimentaires dans des régimes (seuls ou en association) et nous avons mis en évidence leurs effets sur (i) des marqueurs d'état de l'équilibre Th1 et Th2 au niveau des cellules dendritiques des plaques de Peyer de l'intestin grêle et des splénocytes, (ii) d'autres marqueurs associés à des variations de la réactivité du système immunitaire intestinal et périphérique, (iii) une fraction de la population bactérienne intestinale. Enfin, comme l'un des ingrédients (le SM3) est riche en lipide, nous avons suivi l'influence des régimes sur les taux de cholestérol sanguin.

Après avoir fait le point sur les données servant de base à notre travail, les principes de base de l'immunologie, de l'écologie microbienne du tube digestif et des aliments fonctionnels nous présenterons les méthodes et techniques utilisées et les résultats. Enfin les résultats seront discutés à la lumière des données bibliographiques pré-existantes et replacés dans un contexte plus large (mécanismes connus de fonctionnement du système immunitaire) afin d'expliquer les effets observés pour les ingrédients étudiés.

SYNTHESE BIBLIOGRAPHIQUE

I. Immunologie générale

I-1 Composantes de l'immunité

L'immunité est la science qui traite des problèmes de distinction entre soi et non-soi. Elle participe donc à l'intégrité d'un organisme et à l'élimination de tout ce qui nuit à cette intégrité. La reconnaissance d'une structure, moléculaire ou cellulaire, comme étrangère conduit à sa neutralisation et à son élimination. Traditionnellement, il est distingué deux types principaux de réponse : une réponse non spécifique et une réponse spécifique. La composante non spécifique, l'immunité naturelle (ou innée) est un ensemble de mécanismes de reconnaissance et de destruction d'un pathogène par l'intermédiaire de récepteurs et de fonctions cellulaires non spécifiques de ce seul pathogène, plus simplement sans intervention du TLRs (récepteur des cellules T) et/ou du BLRs (récepteur des cellules B). Par opposition, la composante spécifique, l'immunité acquise (ou adaptative), permet la reconnaissance et l'élimination de ce pathogène par l'intermédiaire de récepteurs qui sont spécifiques de ce pathogène et de lui seul, les TLRs et BLRs. A cette spécificité s'ajoute un phénomène de mémoire immunitaire : l'organisme se souvient qu'il a déjà rencontré ce pathogène et réagit plus vite à une nouvelle rencontre. En réalité, l'immunité acquise et l'immunité naturelle n'opèrent pas indépendamment l'une de l'autre ; elles sont intégrées et elles fonctionnent comme un système hautement interactif et coopératif. Elles produisent ainsi une

Type	Mécanisme
Barrières anatomiques	
Peau	La barrière mécanique retarde l'entrée des microbes. L'environnement acide (pH 3~5) retarde la croissance des microbes.
Muqueuses	La flore normale entre en compétition avec les microbes pour les sites de fixation et pour les nutriments. Le mucus enrobe les micro-organismes étrangers. Les cils rejettent les micro-organismes hors du corps.
Barrières physiologiques	
Température	La température corporelle normale inhibe la croissance de certains pathogènes. La fièvre inhibe la croissance de certains pathogènes.
pH acide	L'acidité du contenu stomacal tue la plupart des micro-organismes ingérés.
Médiateurs chimiques	Le lysozyme clive la paroi cellulaire des bactéries. L'interféron induit un état antiviral dans les cellules non infectées. Le complément lyse les micro-organismes ou facilite la phagocytose.
Barrières phagocytaires ou endocytaires	Certaines cellules internalisent (endocytosent) et fragmentent les macromolécules étrangères. Des cellules spécialisées (monocytes du sang, neutrophiles, macrophages tissulaires) internalisent (phagocytosent), tuent et digèrent des micro-organismes entiers.
Barrières inflammatoires	L'atteinte cellulaire et l'infection induisent une fuite du fluide vasculaire qui contient des protéines sériques douées d'une activité antibactérienne ; elles induisent aussi un influx de cellules phagocytaires dans la zone affectée.

Tableau 1 : Résumé des défenses non spécifiques de l'hôte (Adapté de Goldsby, et al., 2000.)

réponse totale plus efficace que si chacune d'elles était mise en œuvre séparément.

I-1.1 Immunité naturelle

L'immunité naturelle apporte la première ligne de défense contre un pathogène avant qu 'il n'ait activé le système immunitaire adaptatif. Elle peut être considérée comme constituée de quatre types de barrières défensives : anatomiques, physiologiques, phagocytaires et inflammatoires, leurs composantes et mécanismes de fonction sont résumés dans le **tableau 1**.

Les cellules phagocytaires, tels que les macrophages, jouent un rôle important dans de nombreux aspects de l'immunité naturelle.

I-1.2 Immunité acquise

Pendant que l'immunité naturelle élimine les microorganismes, l'immunité spécifique se met en place par l'intermédiaire de cellules présentatrices d'antigènes (CPA). Celles-ci sont constituées principalement par les cellules dendritiques, mais aussi par d'autres types cellulaires qui ont également cette propriété : les macrophages et les cellules B. Lors d'une première rencontre avec un microorganisme, cette réponse est tardive (4 à 8 jours) par rapport à l'immunité naturelle. Elle aboutit à la mise en place de récepteurs cellulaires (TLRs/BLRs) et humoraux (anticorps) qui reconnaissent des structures spécifiques de ce microorganisme et de lui seul. Les complexes formés à l'aide de ces récepteurs aboutiront à l'élimination du microorganisme.

I-2 Organisation du système immunitaire

Le système immunitaire est un ensemble complexe de cellules, d'organes et de molécules. L'organisation des cellules de l'immunité en tissus et organes favorise les interactions cellulaires et leur permet d'accomplir leurs fonctions le plus efficacement possible. L'ensemble constitue le système lymphoïde.

I-2.1 Organes

Au sein du tissu lymphoïde, on distingue les organes lymphoïdes centraux ou primaires et les organes lymphoïdes périphériques ou secondaires.

Les organes immunitaires primaires sont les organes de la lymphopoïèse et de la myélopoïèse, à partir des cellules souches. Dans ces organes ont lieu la différenciation, la prolifération et la maturation des différentes lignées qui participent au système immunitaire. Toutes les cellules souches sont issues de la moëlle osseuse. Chez les mammifères, les lymphocytes T terminent leur maturation dans le thymus. C'est dans cet organe qu'ils apprennent à distinguer le soi du non-soi. En quittant ces organes les cellules sont fonctionnelles et migrent dans les tissus dans l'attente d'une rencontre avec un antigène du non-soi.

Après cette rencontre, les cellules présentatrices d'antigènes (essentiellement lignée myéloïde) vont migrer dans les organes lymphoïdes secondaires. Ceux-ci comprennent des organes structurés et encapsulés (les ganglions lymphatiques et la rate) et des accumulations de tissu lymphoïde non encapsulé, distribuées à travers le corps, notamment en association avec les muqueuses (de *mucosa-associated lymphoïde tissue :*

MALT). Ce sont dans ces organes que les cellules présentatrices d'antigène vont activer les cellules spécifiques de la lignée lymphoïde : les lymphocytes T et les lymphocytes B. Les organes lymphoïdes secondaires, dans lesquels se développent donc les réponses immunitaires cellulaires et humorales, peuvent être classés en organes systémiques et en organes muqueux. Parmi les organes systémiques, on distingue la rate qui répond aux antigènes présents dans la circulation sanguine, et les ganglions lymphatiques qui répondent aux antigènes présents dans la circulation lymphatique. Le système immunitaire associé aux muqueuses, pour sa part, protège l'organisme contre les antigènes pénétrant par les surfaces épithéliales des muqueuses. On trouve des tissus lymphoïdes associés au tube digestif (de *gut-associated lymphoid tissue* : GALT), au tractus respiratoire (de *bronchial-associated lymphoid tissue* : BALT) et au tractus génito-urinaire.

I-2.1.1 rate

La rate est un organe lymphoïde secondaire volumineux, logé dans le quart supérieur gauche de l'abdomen, derrière l'estomac. Alors que les ganglions lymphatiques sont spécialisés dans la capture des antigènes venant des tissus environnants, la rate est spécialisée dans la filtration et la capture des antigènes présents dans le sang (artère splénique). Ainsi, elle peut répondre à des infections systémiques.

La rate est entourée d'une capsule qui envoie de nombreuses projections (trabécules) vers l'intérieur pour former une structure compartimentée. Les compartiments sont de deux types, la pulpe rouge et la pulpe blanche, séparés par une zone marginale diffuse. La pulpe blanche correspond au tissu lymphoïde; elle est située pour l'essentiel autour des branches de l'artère splénique, constituant un manchon lymphoïde

27

périartériolaire (PALS, de *periarteriolar lymphoid sheath*), peuplé essentiellement de lymphocytes T. La zone marginale, localisée de façon périphérique par rapport au PALS, est riche en cellule B organisées en follicules lymphoïde primaires.

Les antigènes apportés par le sang et les lymphocytes pénètrent dans la rate par l'artère splénique qui se déverse dans la zone marginale. Dans cette zone, les antigènes sont captés par les cellules dendritiques interdigitées, qui les apportent au PALS. Les lymphocytes du sang entrent eux aussi dans les sinus de la zone marginale et migrent vers le PALS.

L'activation initiale des cellules B et des cellules T prend place dans le PALS enrichi en cellules T. Là, les cellules dendritiques interdigitées présentent des fragments de l'antigène par l'intermédiaire des molécules de classe II du CMH, aux cellules Th. Une fois activées, ces cellules Th peuvent ensuite activer des cellules B et des cellules Tc spécifiques du même fragment antigénique. Les cellules B activées, de concert avec certaines cellules T, migrent alors vers les follicules primaires de la zone marginale. Ces follicules primaires se développent en follicules secondaires caractéristiques contenant des centres germinatifs, où des cellules B entrent en division rapide et se différencient en plasmocytes producteurs d'anticorps spécifiques.

I-2.1.2 Les ganglions périphériques

Disséminés dans tout l'organisme, le long des voies lymphatiques se trouve les ganglions périphériques. C'est à leur niveau que se fait la présentation des antigènes par les CPA aux cellules immunocompétentes T ou B. Il en résultera une réponse immune qui peut prendre plusieurs formes : absence de réponse, tolérance, réponse active ou réponse exacerbée. Au niveau de la muqueuse intestinale se situe deux types de ganglions : les plaques de Peyer qui ont la particularité de ne pas avoir de vaisseau lymphatique afférent et les ganglions mésentériques.

I-2.2 Cellules du système lymphoïde

Les cellules du système immunitaire naissent dans la moelle osseuse, où beaucoup d'entre elles se différencient également. Elles migrent ensuite dans les tissus périphériques, afin de les protéger, en empruntant la circulation sanguine et les vaisseaux qui constituent le système lymphatique.

Tous les éléments cellulaires du sang, dont les globules, les plaquettes et les globules blancs du système immunitaire, dérivent des mêmes précurseurs : les cellules souches hématopoïétiques de la moelle osseuse. Ces cellules souches pouvant générer tous les types de cellules intermédiaires au potentiel plus limité qui sont les progéniteurs directs des globules rouges, des plaquettes, et des deux catégories principales de globules blancs. Les différents types de cellules sanguines et les relations entre leurs lignées sont résumés dans la **figure 1**.

I-2.2.1 La lignée myéloïde

Le progéniteur myéloïde est le précurseur des granulocytes, macrophages, cellules dendritiques et mastocytes du système immunitaire.

1)   Les macrophages

Les macrophages sont un des trois types de cellules phagocytaires du système immunitaire et sont présents dans la plupart des tissus, où ils jouent un rôle crucial dans l'immunité innée. Ils représentent la forme

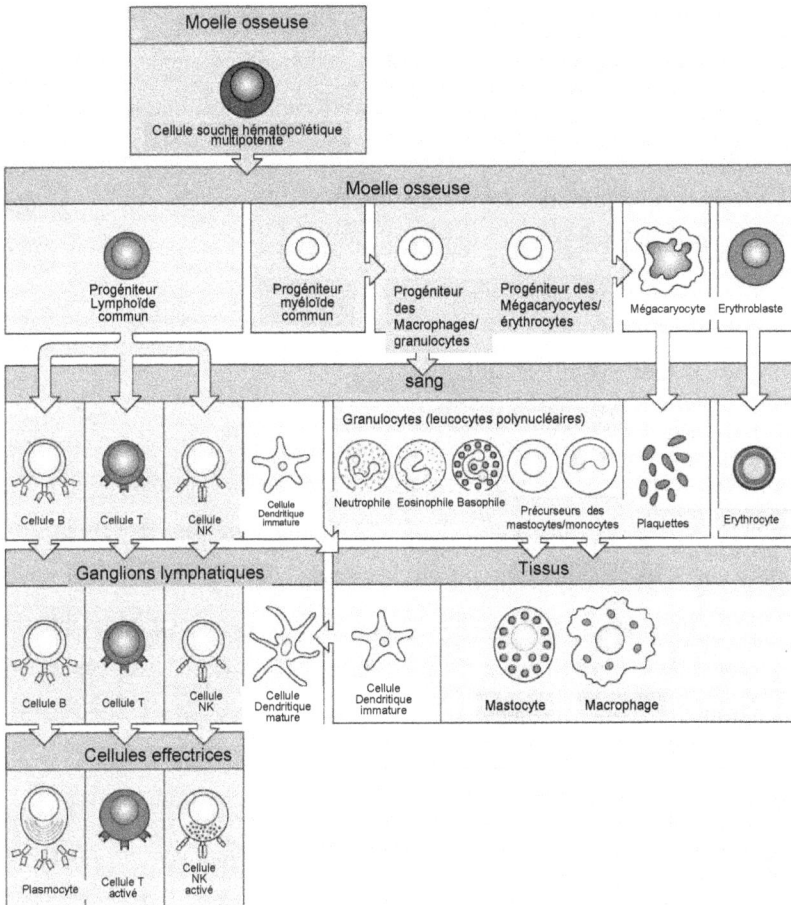

Figure 1 : Différenciation des cellules (Immunobiology, 6/e. © Garland Science 2005).

mature des monocytes, qui circulent dans le sang et se différencient en macrophages au cours de leur migration dans les tissus.

2)   Les mastocytes

Les précurseurs des mastocytes sanguins sont mal connus. Ils se différencient également dans les tissus. Ils résident principalement près des petites vaisseaux sanguins et, lorsqu'ils sont activés, libèrent des substances qui affectent la perméabilité vasculaire. Bien qu'ils soient surtout connus comme responsables des réponses allergiques, ils seraient aussi impliqués dans la protection des muqueuses contre les pathogènes plus particulièrement les parasites.

3)   Les granulocytes

Les granulocytes sont appelés ainsi car ils contiennent des granules denses dans leur cytoplasme. Ils sont aussi appelés leucocytes polynucléaires à cause de la forme particulière de leur noyau qui est polylobé. Les granulocytes ont une durée de vie courte, mais lors d'une réponse immune, ils sont produits en quantité croissante et migrent du sang vers les sites d'infection ou d'inflammation. Il en existe trois types : les neutrophiles, les éosinophiles et les basophiles. Les neutrophiles, constituent le deuxiem type de cellules phagocytaires du système immunitaire, ce sont les composants les plus nombreux et les plus importants de la réponse immune innée. Ils constituent une des premières lignes de défense de l'organisme contre les pathogènes. Les éosinophiles sont importants principalement dans la défense contre les infections parasitaires, puisque leur nombre augmente lors d'une telle infection. La fonction des basophiles est probablement semblable et complémentaire à celle des éosinophiles et des mastocytes.

	Sous classes de DC résidentes dans les ganglions			Sous classes de DC migratoires		DCs dérivant des monocytes
	DCs CD4+	DCs CD8+	DCs double négatives	DCs interstitielles	cellules de Langherhans	
Localisation						Sites inflammatoires
Rate	Oui	Oui	Oui	Non	Non	
Ganglions sous cutanés	Oui	Oui	Oui	Oui	Oui	
Ganglions viscéraux	Oui	Oui	Oui	Oui	Non	
Thymus	Oui	Oui	Oui	Non	Non	
Marqueurs cellulaires						
CD11c	+++	+++	+++	++	++	+++
CD4	+	-	-	-	-	-
CD8	-	++	-/+	-	-/+	-/+
CD205	-	++	++	+	+++	++
CD11b	++	-	-	++	+++	-
Langerhine	-	+	-	-	+++	-
CD24	+	++	+	ND	ND	ND
SIRPα	+	-	+	+	+	ND
Fonctions de l'état stable						
Maturité	Immature	Immature	Immature	Mature	Mature	N/A
Co-stimulation	+	+	+	++	++	N/A
Apprêtement et présentation des antigène	+++	+++	+++	+/-	+/-	N/A
MHC class II	++	++	++	+++	+++	N/A
Cellules équivalentes in vitro (Conditions de culture cellulaire)	Précurseurs de la moelle osseuse + FLT3L	Précurseurs de la moelle osseuse + FLT3L	Précurseurs de la moelle osseuse + FLT3L	Précurseurs de la moelle osseuse + GM-CSF, INF et TGFβ	Précurseurs de la moelle osseuse + GM-CSF, INF et TGFβ	Précurseurs de la moelle osseuse, de la rate ou du sang + GM-CSF

Tableau 2 : Sous populations des cellules dendritiques (Adapté de Villadangos et Schnorrer, 2007).

4) Les cellules dendrtitiques

Les cellules dendritiques possèdent à la fois des propriétés de phagocytose et de macropinocytose en ingérant une grande quantité de fluide extracellulaire. Elles ont la particularité de capturer, apprêter et présenter les antigènes aux lymphocytes.

Les DCs présentes dans le thymus, la rate et des ganglions lymphatiques peuvent être subdivisées en cinq populations qui sont généralement distinguées par la façon d'exprimer des marqueurs membranaires spécifiques, **tableau 2**. Ces populations peuvent être groupées dans deux catégories principales : les DCs migrantes et les DCs résidantes des organes lymphoïdes qui sont distinguées par les voies empruntées pour accéder aux organes lymphoïdes (Villadangos and Schnorrer 2007).

La famille principale de DCs est celle incluse dans les organes lymphoïdes : pour moitié dans les ganglions lymphatiques et pour l'autre moitié dans la rate et le thymus. Elle peuvent être subdivisées en 3 types qui sont distingués par leurs expressions des marqueurs CD4 et CD8 : Ainsi on distingue des DCs CD4$^+$, des DCs CD8$^+$ et des DCs CD4$^-$CD8$^-$ (double négative) (**tableau 2**), toutes CD3$^-$ ce qui permet de les distinguer des lymphocytes T. Toutes les DCs n'ont pas le même rôle de présentation des antigènes. Ces fonctions différentes sont orientées par les capacités intrinsèques ou extrinsèques de chaque type de DC pour capturer, apprêter et présenter les motifs antigéniques dans le cadre des molécules du CMH (Villadangos and Schnorrer 2007). Si nous nous intéressons aux facteurs extrinsèques, nous pouvons souligner le rôle de l'emplacement anatomique des DC (Johansson and Kelsall 2005), l'accessibilité de l'antigène à cet emplacement et les effets que les pathogènes peuvent exercer sur les DCs par l'activation ou l'inhibition de différents récepteurs (Villadangos and Schnorrer 2007).

Les DCs tissulaires ou circulantes dans le sang ou la lymphe sont immatures. Lorsqu'elles rencontrent un pathogène, elles s'activent, se différencient et migrent vers les ganglions lymphatiques (Wilson, El-Sukkari et al. 2003; Sponaas, Cadman et al. 2006). Les DCs résidantes dans les ganglions lymphatiques et la rate sont idéalement localisées pour contrôler la lymphe ou le sang, détecter les infections et entrer en phase de maturation/différenciation *in situ* (Wilson and Villadangos 2004). Les DCs des muqueuses, dont l'intestin, jouent un rôle supplémentaire puisqu'elles participent à la fois au développement des réponses immunitaires contre des pathogènes invasifs mais aussi au maintien de la tolérance orale (Johansson and Kelsall 2005).

Les cellules M transportent les antigènes de la lumière intestinale vers les PP. Les DCs situées dans le SED des PP peuvent capter ces antigènes et activer la production d'IgA spécifiques. Celles-ci, en neutralisant les antigènes dans la lumière intestinale, limitent la pénétration bactérienne (Macpherson and Uhr 2004). Les DCs sont également capables d'émettre des dendrites qui s'intercalent entre les jonctions serrées des entérocytes et ont ainsi directement accès au contenu de la lumière intestinale (Rescigno, Urbano et al. 2001). Cette méthode de capture d'antigènes est dépendante du récepteur de chimiokine CX3CR1 (Niess, Brand et al. 2005). Ces DCs pourraient aussi être impliquées dans l'élimination des cellules épithéliales qui entrent en apoptose avant d'être desquamées (Rescigno, Urbano et al. 2001). Les DCs intestinales sécrètent des interleukines/cytokines impliquées dans la maintenance de l'homéostasie intestinale (Rescigno, Urbano et al. 2001). Il s'agit de TGF-β

(Fayette, Dubois et al. 1997; Strobl and Knapp 1999), IL-1 (Williamson, Westrich et al. 1999), IL-10 (Iwasaki and Kelsall 1999) et PGE2 (prostaglandine E2) (Newberry, McDonough et al. 2001). Toutes ces molécules sont impliquées dans les réponses immunitaires qu'elles soient de type activation ou de type tolérance. Dans les conditions stables (sans infection, vaccination ou inflammation), les DCs, activées par des débris de cellules épithéliales, d'aliments, de bactéries commensales migrent continuellement de l'intestin ou des PP vers les ganglions mésentériques. Cette migration serait responsable de la tolérance orale vis à vis des antigènes du soi et des antigènes inoffensifs. (Huang, Platt et al. 2000; Kunkel, Kirchhoff et al. 2003).

Les DCs activées, parvenues ou présentent dans les ganglions, vont présenter les antigènes aux lymphocytes T naïfs. Lorsqu'une cellule T reconnaît un antigène, présenté par le CMH d'une DC, elle est soit activée soit inhibée. Il en résultera ou non une réponse immune spécifique (Johansson and Kelsall 2005). En cas de réponse positive, la DC oriente le lymphocyte T vers un type de réponse et donc une différenciation particulière (Iwasaki and Kelsall 1999; Iwasaki and Kelsall 2001). Par exemple, les DCs plasmacytoïdes intestinales (CD8$^+$ DCs des PP), mais non les DCs plasmacytoïdes spléniques, activées par des motifs CpG différencient les cellules T en cellules Treg (Bilsborough, George et al. 2003).

I-2.2.2 La lignée lymphoïde

Il existe trois types principaux de lymphocytes : les lymphocytes B ou cellules B, les lymphocytes T ou cellules T et les cellules NK (de *natural killer*). Ils sont tous issus d'un même précurseur.

1) Les cellules NK

Les cellules NK sont des gros lymphocytes granulaires. Ces cellules constituent 5 à 10% des lymphocytes du sang périphérique humain.

Les cellules NK jouent un rôle important dans la défense innée de l'hôte, tant contre les cellules tumorales que contre les cellules infectées par certains virus. Les cellules NK peuvent reconnaître les cellules cibles potentielles de deux façons différentes. Dans certains cas, une cellule NK utilise les récepteurs des cellules NK pour distinguer des anomalies, en particulier une réduction du nombre de molécules de classe I du CMH ou le profil inhabituel des antigènes de surface exposés par des cellules tumorales ou des cellules infectées par certains virus. Une autre voie par laquelle les cellules NK reconnaissent les cellules cibles potentielles dépend du fait que des cellules tumorales et des cellules infectées par des virus exposent des antigènes contre lesquels le système immunitaire a développé une réponse anticorps, de telle sorte que des anticorps antitumoraux ou antiviraux se lient à leur surface. Comme les cellules NK expriment le CD16, qui est un récepteur membranaire pour l'extrémité carboxy-terminale de la molécule d'IgG, appelée Fc, elles peuvent se fixer à ces anticorps et, secondairement détruire les cellules ainsi marquées. Cette fonction est appelée cytotoxicité cellulaire dépendante des anticorps ou ADCC (de *Antibody-Dependent Cell-mediated Cytotoxicity*).

2) Les lymphocytes B

Les lymphocytes B représentent 10 à 15% des lymphocytes circulants. Ils synthétisent les immunoglobulines (Ig) qui existent sous deux formes moléculaires. La forme soluble correspond aux anticorps ou immunoglobulines (Ig); la forme membranaire (mIg) ou de surface (sIg) au récepteur de l'antigène du lymphocyte B (BCR). L'activation de la cellule par liaison d'un antigène au récepteur B membranaire est nécessaire pour initier la sécrétion des immunoglobulines (Genetet 2005). Lorsqu'une cellule B naïve (non activée), qui n'a jamais été en contact avec un antigène, rencontre pour la première fois l'antigène qui correspond à son anticorps membranaire, la liaison de l'antigène et de l'anticorps provoque l'activation, la différenciation et la multiplication cellulaire. Deux types cellulaires en résultent : les plasmocytes sécréteurs d'immunoglobulines spécifiques et les cellules B mémoires qui ont la propriété de répondre rapidement à une nouvelle rencontre avec l'antigène.

Les cellules B à mémoire ont une durée de vie plus longue que les plasmocytes. Elles continuent à exprimer le même anticorps membranaire que la cellule B naïve dont elles sont issues. Les plasmocytes expriment peu d'anticorps membranaire, en revanche, ils en sécrètent de grandes quantités pendant leur vie (quelques jours). Les anticorps sécrétés sont les molécules effectrices de l'immunité humorale.

Les lymphocytes B par l'intermédiaire de leur BCR ont la capacité de capturer l'antigène. Ils ont également les capacités d'apprêter et de présenter des fragments d'antigène à l'aide de leurs molécules de classe II du CMH. Ils se comportent donc aussi comme des cellules présentatrices d'antigène.

3)   Les lymphocytes T

Les lymphocytes T proviennent eux aussi de la moelle osseuse. Contrairement aux cellules B qui arrivent à maturité au sein de la moelle osseuse, les cellules T migrent vers le thymus pour effectuer leur maturation. Lors de cette maturation, la cellule T vient à exprimer, à la surface de la membrane, une molécule de liaison à l'antigène spécifique, appelée récepteur des cellules T (TLRs). Contrairement aux anticorps membranaires des cellules B, qui peuvent reconnaître l'antigène seul, les récepteurs des cellules T ne peuvent reconnaître l'antigène que lorsque ce dernier est lié à des protéines de la membrane cellulaire appelées molécules du complexe majeur d'histocompatibilité (CMH). Il y a deux types essentiels de molécules du CMH : les molécules de classe I du CMH, exprimées par pratiquement toutes les cellules nucléées, et les molécules de classe II du CMH qui ne sont exprimées que par les cellules présentatrices de l'antigène. Lorsqu'une cellule T naïve rencontre l'antigène combiné à une molécule du CMH à la surface d'une cellule, la cellule T prolifère et se différencie en cellules T à mémoire ou en différentes cellules T effectrices.

Il y a deux sous populations bien définies de cellules T : les cellules T auxiliaires (Th, de *helper*) et les cellules T cytotoxiques (Tc, de *cytotoxic*). Les cellules T auxiliaires et les cellules T cytotoxiques peuvent être distinguées les unes des autres par la présence à leur surface de glycoprotéines membranaires, CD4 ou CD8. Les cellules T exprimant CD4 fonctionnent généralement comme des cellules Th, tandis que celle qui expriment CD8 fonctionnent généralement comme des cellules Tc. Toutes les sous populations des cellules T expriment le récepteur CD3. Un autre type de cellules T sont en cours de caractérisation. Les cellules Treg qui interviennent dans les phénomènes de régulation des réponses immunes (Lan, Mackay et al. 2007).

Après qu'une cellule Th ait reconnu un complexe antigène molécule de classe II du CMH et soit entrée en interaction avec ce dernier, elle est activée, elle devient une cellule effectrice qui sécrète divers facteurs de croissance connus collectivement sous le nom de cytokines. Les cytokines

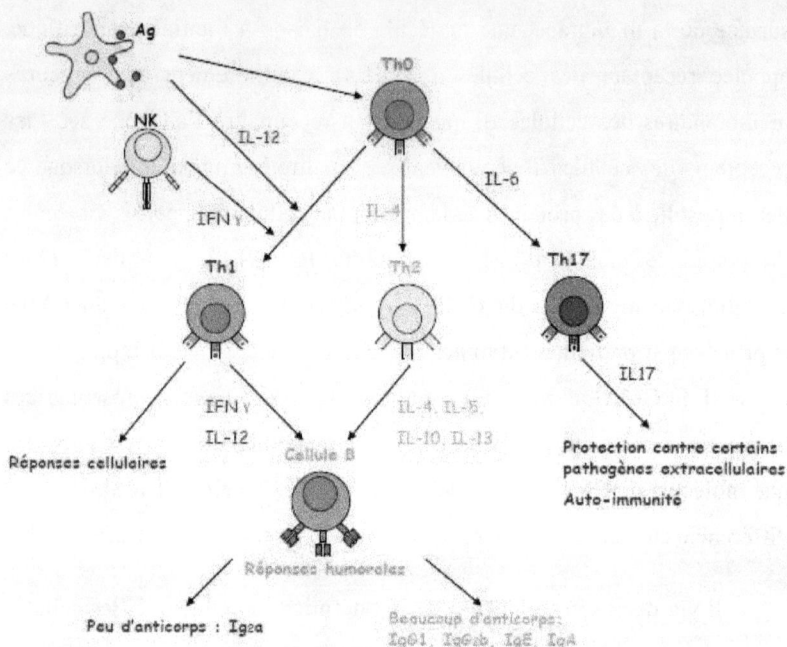

Figure 2 : Représentation schématique des réponses Th1/Th2/Th17 : rôle de cytokines.

sécrétées jouent un rôle important dans l'activation des cellules B, des cellules Tc, des macrophages et de diverses autres cellules participant à la réponse immunitaire. Des différences dans la composition des cytokines produites par les cellules Th activées correspond à des types différents de réponse immunitaire (Th1, Th2 ou Th17). Sous l'influence des cytokines dérivées des cellules Th, une cellule Tc, qui reconnaît un complexe constitué d'un antigène et d'une molécule de classe I du CMH, prolifère et se différencie en une cellule effectrice appelée lymphocyte T cytotoxique (CTL, de *cytotoxic T lymphocyte*). Les lymphocytes Tc possèdent une activité cytotoxique. Cette fonction est vitale pour le contrôle des cellules de l'organisme et l'élimination de toutes celles qui exposent un antigène du non-soi, telles que les cellules infectées par un virus, les cellules tumorales et les cellules d'un greffon de tissu étranger.

Equilibre Th1/Th2/Th17

Il existe 3 sous populations de Th différentes: Th1, Th2 et Th17. Après activation par les CPA, les cellules Th régulent les réponses immunes via la synthèse de cytokines qui sont propres à chaque sous population (**figure 2**).

Les cellules T helper de type1 (Th1), sécrètent essentiellement des cytokines immunorégulatrices 'pro-inflammatoires' comme IL-2 et l'IFN-γ (Cavaillon 2001) L'activation des cellules Th1 conduit plutôt à des réponses cellulaires (mettant en jeu la réponse macrophagique et les lymphocytes suppresseurs) et de faibles réponses anticorps.

Les cellules T helper de type2 (Th2), conduit à la sécrétion de cytokines 'anti-inflammatoire', Il-4, Il-5, Il-10, Il-13 et introduisent des réponses humorales, avec maturation centrale de lymphocytes B, mémorisation et synthèse des anticorps des isotypes IgG, IgA, ou IgE. Ces derniers étant impliqués dans l'allergie alors que les IgA participent aux défenses des muqueuses.

Les cellules Th17 jouent un rôle essentiel dans la protection contre certains pathogènes extracellulaires non correctement éliminés par les types Th1 et Th2. Cependant, celles qui reconnaissent spécifiquement des antigènes du soi seraient fortement pathologiques en conduisant à des réponses inflammatoires importantes et donc à l'auto-immunité (Langhendries 2006; Bettelli, Korn et al. 2007).

Un bon équilibre de différenciation des lymphocytes effecteurs Th1/Th2/Th17 est très important pour une fonction optimale du système immunitaire. À la naissance, le jeune est dans un contexte immunologique Th2 nécessaire au non rejet du fœtus durant la gestation, et les réponses Th1 sont en grande partie réprimées (Wold 1998; Renz, Mutius et al. 2002). L'équilibre entre Th2 et Th1 doit être rapidement rétabli durant la période postnatale. Différentes études épidémiologiques et cliniques ont montré que le switch Th2 → Th1 ne s'est pas opéré chez l'enfant atopique et ce dernier reste dans un contexte déséquilibré Th2, avec une prédisposition à développer des réponses allergiques IgE (Renz, Mutius et al. 2002). Le passage de la cellule précurseur Th0 à Th1, Th2 ou Th17 est conditionné par des facteurs environnementaux dans lesquels les cellules de l'immunité innée, macrophages, DC et NK, jouent un rôle considérable par l'intermédiaire de cytokines l'Il-12 et l'IFN-γ. En plus des cytokines, la flore intestinale joue aussi un rôle dans la régulation et l'orientation des réponses immunes (Scharek, Altherr et al. 2007; Ezendam and van Loveren 2008; Roessler, Friedrich et al. 2008).

I-2.3 Molécules impliquées dans système lymphoïde

Les cellules de l'immunité exercent leurs fonctions par l'intermédiaire de molécules qu'elles produisent. Certaines de ces molécules sont des protéines membranaires et servent «d'agents de liaison» intercellulaires, d'autres secrétées agissent dans l'environnement immédiat sur le site même de la réaction immunitaire (effets autocrine, paracrine), enfin d'autres diffusent à distance et sont des messagers de l'immunité (effet exocrine).

I-2.3.1 Immunoglobulines

Les immunoglobulines sont des glycoprotéines présentes dans le plasma mais aussi dans les autres liquides biologiques de l'organisme et les sécrétions. Les immunoglobulines sont douées d'activité anticorps : elles représentent les agents de l'immunité humorale. Elles sont synthétisées par des plasmocytes en réponse à l'infection par un antigène. La principale caractéristique de cette réponse immunitaire est la très grande spécificité de l'immunoglobuline vis-à-vis de l'antigène qui a déclenché sa synthèse.

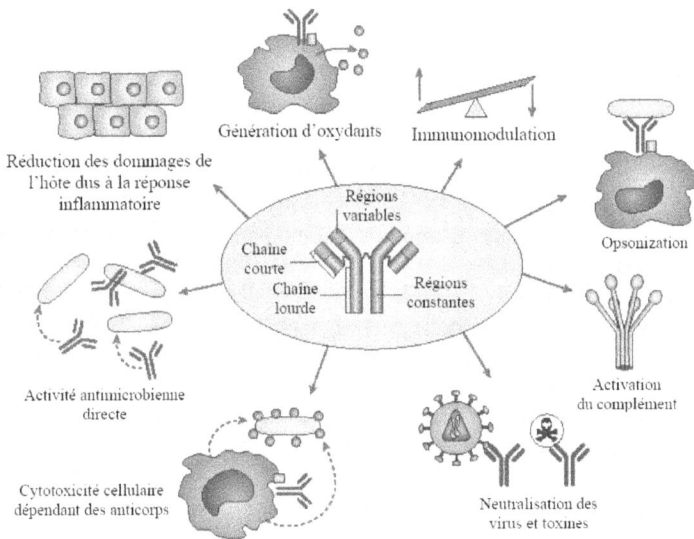

Figure 3 : L'organisation de base des immunoglobulines et les différentes activités biologiques dans l'organisme (Adapté de Casadevall, et al., 2004).

L'unité structurale de base d'un immunoglobuline comporte 4 chaînes polypeptidiques : 2 chaînes lourdes identiques (chaînes H pour *heavy*), et 2 chaînes légères identiques (chaîne L pour light) réunies entre elles par des ponts disulfures. Les chaînes lourdes peuvent être réunies à 2 types de chaînes légères : κ ou λ (kappa ou lambda). La structure générale est du type H_2L_2 ; la forme est celle d'un Y comportant un axe de symétrie passant entre les deux chaînes lourdes, les deux branches de l'Y constituent les fragments Fab (fragment antigène) dont les extrémités sont les sites de fixation à l'antigène. Le pied de l'Y est appelé fragment Fc (fragment cristallisable), il porte la spécificité de classe de l'anticorps, support des fonctions effectrices spécifiques (Carlisle, McGregor et al. 1991).

La **figure 3** illustre de façon schématique l'organisation de base de cette macromolécule et des différentes activités biologiques dans l'organisme.

Il y a cinq classes d'immunoglobulines (isotypes) : IgG, IgA, IgM, IgD et IgE. La biosynthèse des IgG2a est favorisée par les cytokines sécrétées par les cellules de type Th1, tandis que la production de IgE et IgA est induite par les cytokines issues des cellules de type Th2 (Kaminogawa 1996). Les anticorps synthétisés par les plasmocytes diffusent dans le sérum, la lymphe et les tissus. Ils se lient à l'antigène pour former des immuns complexes qui sont éliminés par les phagocytes. Des anticorps d'isotypes IgM principalement et IgG sont capables d'activer le système du complément. Cette fixation va faciliter, la réaction inflammatoire, l'activation des fonctions du système immunitaire et la lyse cellulaire.

Les immunoglobulines IgA dimériques sont spécifiques des muqueuses. Les IgA sont également présentent dans le sérum, mais principalement sous forme monomérique. L'IgA est l'immunoglobuline corporelle majoritairement produite. Ses fonctions sont de neutraliser les toxines, inhiber la multiplication virale, empêcher l'adhésion épithéliale des entéropathogènes (Kraehenbuhl and Neutra 1992). Elles limitent également la translocation des bactéries commensales et invasives vers le compartiment systémique (Macpherson, Hunziker et al. 2001) et bloqueraient le passage des protéines alimentaires par la formation des complexe immuns, intervenant ainsi indirectement dans le processus de la tolérance orale. Elles sont associées à des réponses immunes de type non inflammatoire.

I-2.3.2 Le système du complément

Le système du complément est constitué par un ensemble de protéines plasmatiques et de protéines membranaires à fonctions régulatrices. Les protéines et les glycoprotéines sont synthétisées par les hépatocytes, les monocytes du sang, les macrophages des tissus et les cellules épithéliales des tractus gastro-intestinal et génito-urinaire. Les recherches sur le complément concernent maintenant plus de 30 protéines solubles ou liées aux cellules. La plupart de ces constituants circulent dans le sérum sous une forme fonctionnellement inactive. Les activités biologiques de ce système ont des impacts sur l'immunité naturelle et l'immunité acquise et vont bien au-delà des observations originales sur la lyse des bactéries et des cellules rouges du sang, médiées par les anticorps. Les étapes initiales de l'activation du complément peuvent se produire selon 3 voies : la voie classique, la voie alterne ou la voie lectine. Les étapes finales sont les mêmes pour toutes les voies. Après une activation initiale, les différents composants du complément interagissent, au sein d'une cascade hautement régulée, pour effectuer un nombre de fonctions de base incluant :

- La lyse des cellules, des bactéries et des virus
- L'opsonisation, qui favorise la phagocytose des antigènes particulaires

La liaison à des récepteurs du complément spécifiques de la surface des cellules du système immunitaire, déclenchent : l'activation des réponses immunitaires, telles que l'inflammation et la sécrétion de molécules immunorégulatrices qui amplifient ou modifient les réponses immunitaires spécifiques, mais aussi l'épuration immunitaire qui élimine les complexes immuns de la circulation et les dépose dans la rate ou le foie.

Le système du complément n'est pas spécifique, des mécanismes de régulations élaborés se sont développés pour limiter son activité à des cibles désignées. Un mécanisme général de régulation de toutes les voies du complément est l'inclusion de nombreux constituants extrêmement labiles qui subissent une inactivation spontanée lorsqu'ils diffusent loin des cellules cibles. De plus, le système du complément comporte une série de protéines régulatrices qui inactivent différents composants du complément.

I-2.3.3 Cytokines

Les cytokines sont des glycoprotéines produites de manière inductive à la suite d'une stimulation antigénique (Roitt I., Brostoff J. et al. 1994). Elles ont un faible poids moléculaire (15 - 25 kDa) et sont constituées d'un noyau polypeptidique de 120 - 180 acides aminés auquel se fixe un nombre variable de groupements glucidiques. Elles permettent la communication entre les cellules en se fixant sur des récepteurs de haute affinité (10^{-9} à 10^{-12} M) à la surface de cellules cibles de l'organisme.

Les cytokines peuvent être décrites comme les hormones du système immunitaire puisqu'elles interviennent dans le dialogue entre lymphocytes, macrophages et autres cellules intervenant au cours de la réaction inflammatoire et des réponses immunitaires.

Elles exercent leurs effets sur les cellules qui les ont produites (effet autocrine), sur d'autres cellules (effet paracrine) ou encore agissent à distance sur des organes ou tissus (effet exocrine). Ces petites glycoprotéines (PM situé entre 10 et 50 kDa) n'ont pas d'homologie dans leur structure. Elles sont toutes synthétisées *de novo*. On ne les trouve généralement pas dans les cellules au repos et elles ne sont produites qu'à la suite d'une activation.

Les lymphocytes Th sont les principales cellules productrices de cytokines, mais d'autres cellules en produisent également : les macrophages, les CPA, les fibroblastes les cellules de l'endothélium vasculaire, les cellules épithéliales.

Les cytokines sont impliquées dans la régulation des fonctions immunitaires, elles interviennent aussi dans l'hématopoïèse, l'hémostase, le métabolisme, etc.

Leur mode d'action est d'autant plus difficile à étudier que les cytokines agissent " en cascade " (l'une peut induire la production de l'autre), qu'elles ont une demi-vie courte (quelques heures), qu'elles sont pléïotropes (plusieurs effets sur plusieurs cellules) et redondantes (plusieurs cytokines peuvent partager les mêmes fonctions). Qui plus est, une même cytokine peut être produite par différents types cellulaires et une cellule donnée produit le plus souvent plusieurs cytokines distinctes.

Elles se fixent à des récepteurs membranaires spécifiques, plus ou moins abondants. L'expression de ces récepteurs est souvent soumise à l'action des cytokines elles-mêmes. Les principales cytokines répertoriées aujourd'hui sont les interleukines (de IL-1 à IL-33), les interférons (IFN -α, -β et -γ), les facteurs de croissance hématopoïétiques (les "CSF"), les facteurs de nécrose des tumeurs (TNF -α, et TNF- β) et les facteurs de croissance des tumeurs (les TGF-β).

I-1.3 Les sources de variation de la fonction immunitaire

Les fonctions immunitaires varient d'un individu à un autre. L'un des facteurs majeurs est le polymorphisme génétique du CMH. Selon les individus, les molécules de classe I et II sont différents et présentent donc aux cellules immunocompétentes des morceaux d'antigènes légèrement différents. Il en résulte que les épitopes reconnus varient d'un individu à un autre et donc les réponses du système immunitaire. Le polymorphisme est d'ailleurs par lui-même une source de variation du métabolisme général de chaque individu et donc de la modulation des réponses immunitaires.

L'environnement joue aussi un rôle important (contaminations bactériologique ou virale, alimentation, stress, flore résidente, pollution atmosphérique ou sur les lieux de travail, etc....). Ces facteurs jouent sur les mécanismes d'apprentissage du système immunitaire en modifiant son homéostasie en bien (vaccination, augmentation des défenses immunitaires,...) ou en mal (allergies, maladies auto-immunes,...). Il est donc important de caractériser, si possible, l'influence de ces paramètres sur la régulation, la dégradation ou le rétablissement d'un système immunitaire fonctionnel (Calder and Kew 2002) (**figure 4**).

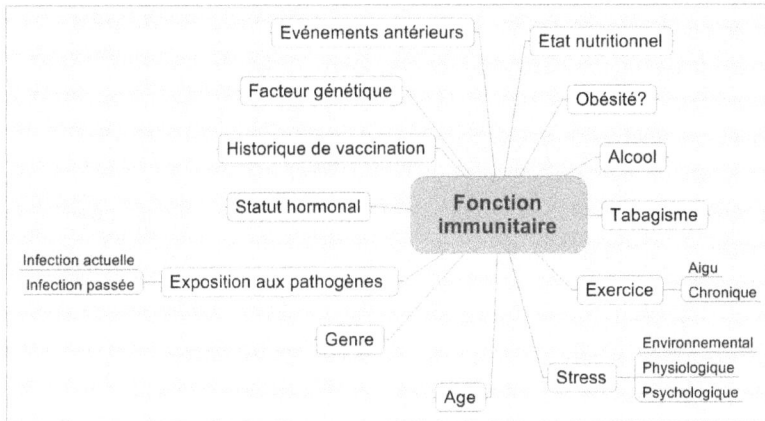

Figure 4 : Sources de variation de la fonction immunitaire.

II. Ecosystème gastro-intestinal

Le tractus gastro-intestinal, de 200 à 300 m^2 de superficie, est l'interface entre le monde extérieur et le monde intérieur. Sa fonction vitale est la digestion et l'assimilation des aliments tout en étant capable de nous protéger contre des pathogènes (micro-organismes, parasites). Il est le premier organe immunitaire de l'organisme et est considéré comme le 'deuxième cerveau' du fait du nombre de cellules immunes et de neurones qu'il contient. Cependant l'intestin reste un organe relativement mal connu.

Le tractus gastro-intestinal est un écosystème complexe, il est composé par une alliance stable entre l'épithélium gastro-intestinal, le système immunitaire qui lui est associé (de *gut associated lymphoid tissue :* GALT) et la flore microbienne résidente. Ces trois composants sont continuellement liés entre eux et évoluent ensemble en assurant une fonction et une activité normale de l'écosystème. Des altérations génétiques ou fonctionnelles de l'un des trois composants de l'écosystème peuvent perturber l'alliance et, par conséquent, favoriser l'installation de diverses pathologies (McCracken and Lorenz 2001).

II-1 Le microbiote intestinal

Le tractus gastro-intestinal est peuplé d'une importante population bactérienne appelée le microbiote intestinal. Il est considéré comme un organe mature uniquement plusieurs mois après la naissance lorsque la colonisation est complète. La microflore du tractus gastro-intestinal a été estimée à près de 10^{13}-10^{14} cellules microbiennes. Au sein de cette communauté intestinale, environ 400 à 1000 espèces bactériennes différentes ont été recensées (Hooper and Gordon 2001). Cette microflore représente 10 à 20 fois le nombre total de cellules du corps humain (Berg 1996; Suau, Bonnet et al. 1999; Hooper and Gordon 2001) ce qui correspond à environ 2 à 4 millions de gènes si l'on considère le génome global. Les produits de ces gènes confèrent des capacités métaboliques non codées par le propre génome de l'hôte (Hooper, Midtvedt et al. 2002).

La prévalence des bactéries dans le tractus gastro-intestinal dépend des conditions qui y régnent. Deux catégories de bactéries sont distinguées : les bactéries autochtones et les bactéries allochtones. Les bactéries autochtones ou indigènes se trouvent habituellement dans des niches particulières. On y trouve des bactéries dominantes, de 10^8 à 10^{11} UFC/g fèces, qui sont souvent anaérobies strictes et composée de 25 à 40 espèces, il y a aussi les bactéries sous-dominantes, de 10^6 à 10^8 UFC/g fèces. Les bactéries allochtones ou en transit provenant d'autres habitats que le tractus qui sont inférieures à 10^6/g de fèces. La majorité des bactéries pathogènes sont allochtones. Quelques bactéries pathogènes peuvent cependant être autochtones. Elles vivent alors normalement en « harmonie » avec l'hôte, excepté lorsque l'équilibre du système est rompu (Hao and Lee 2004).

II-1.1 Distribution des bactéries dans le tube gastro-intestinal humain

L'environnement gastro-intestinal comprend trois régions principales qui offrent des conditions physico-chimiques très différentes aux microorganismes qui s'y trouvent.

Le premier compartiment, l'estomac, se caractérise par la présence d'oxygène apporté par la déglutition et par une forte acidité (**figure 5**). De ce fait, l'estomac héberge sélectivement les microorganismes acido-tolérants et anaérobies facultatifs comme les lactobacilles, les streptocoques, les levures, etc.

Dans le deuxième compartiment, l'intestin grêle, la microflore est constituée essentiellement de bactéries anaérobies facultatives tels que les lactobacilles, les streptocoques et les entérobactéries, et anaérobies strictes notamment les bifidobactéries, les bactéroides et les clostridies.

Dans le dernier compartiment, le côlon (dépourvu d'oxygène), le transit digestif est plus lent et la flore microbienne est plus abondante, représentant 35 à 50 % du volume du contenu du côlon humain.

La microflore du côlon est très complexe et est dominée par les bactéries anaérobies strictes (*Bacteroides* sp., *Clostridium* sp., *Bifidobacterium* sp....). Tandis que les bactéries anaérobies facultatives sont moins nombreuses et représentées par les lactobacilles, les entérocoques, les streptocoques et les Enterobacteriaceae. Les levures (ex. *Candida albicans*) sont peu représentées.

La charge microbienne dans les différents compartiments a été estimée à environ : 10^4, 10^{3-4}, 10^{5-7}, 10^{7-8} et 10^{10-11} unité formant colonies (UFC) par g dans l'estomac, le duodénum, le jéjunum, l'iléon et le côlon

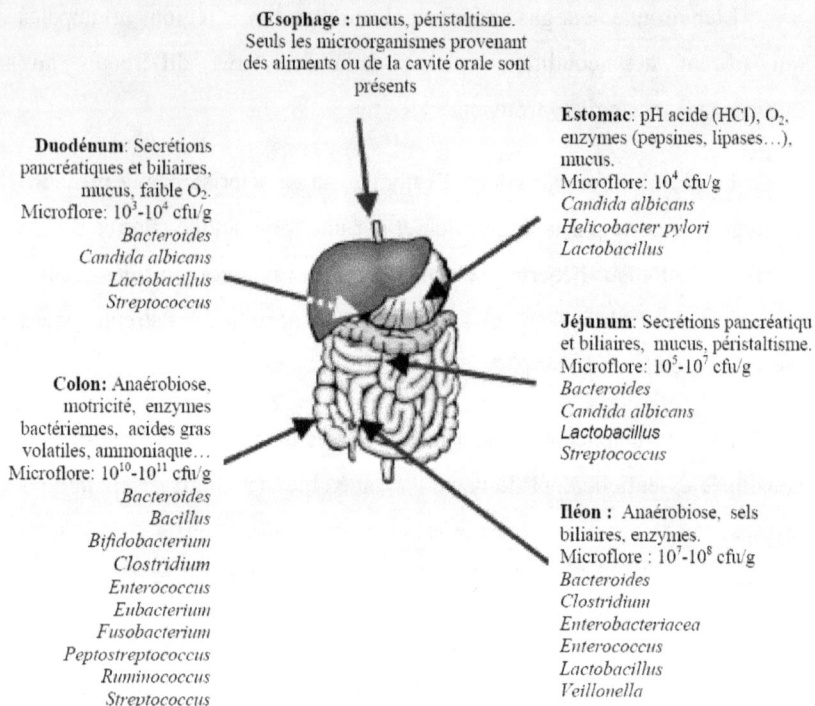

Œsophage : mucus, péristaltisme. Seuls les microorganismes provenant des aliments ou de la cavité orale sont présents

Estomac: pH acide (HCl), O_2, enzymes (pepsines, lipases…), mucus.
Microflore: 10^4 cfu/g
Candida albicans
Helicobacter pylori
Lactobacillus

Duodénum: Secrétions pancréatiques et biliaires, mucus, faible O_2.
Microflore: 10^3-10^4 cfu/g
Bacteroides
Candida albicans
Lactobacillus
Streptococcus

Jéjunum: Secrétions pancréatiqu et biliaires, mucus, péristaltisme.
Microflore: 10^5-10^7 cfu/g
Bacteroides
Candida albicans
Lactobacillus
Streptococcus

Colon: Anaérobiose, motricité, enzymes bactériennes, acides gras volatiles, ammoniaque…
Microflore: 10^{10}-10^{11} cfu/g
Bacteroides
Bacillus
Bifidobacterium
Clostridium
Enterococcus
Eubacterium
Fusobacterium
Peptostreptococcus
Ruminococcus
Streptococcus

Iléon : Anaérobiose, sels biliaires, enzymes.
Microflore : 10^7-10^8 cfu/g
Bacteroides
Clostridium
Enterobacteriacea
Enterococcus
Lactobacillus
Veillonella

Figure 5 : Schéma simplifié décrivant les compartiments de l'appareil digestif de l'homme et leurs microflores (Adapté de Ouwehand & Vesterlund 2003).

respectivement (Ouwehand and Vesterlund 2003; Isolauri, Salminen et al. 2004).

Trois phyla bactériens, Firmicutes, Bacteroidetes et Actinobacteria rassemblent la plus grande part des bactéries fécales dominantes (Sghir, Gramet et al. 2000). On y trouve les bifidobactéries (0,7 à 10 %) et les lactobacilles (2 %) (Seksik, Rigottier-Gois et al. 2003; Lay, Sutren et al. 2005). La diversité des espèces bactériennes de chaque individu semble unique, mais demeure relativement stable au cours de la vie.

Toutefois, il faut noter qu'une fraction majoritaire des bactéries (environ 80%) demeure non cultivable et ce pour diverses raisons : méconnaissance des besoins de croissance de certaines bactéries, sélectivité des milieux de culture utilisés, stress dû aux conditions de culture, nécessité d'anaérobiose stricte et difficulté de simuler les interactions entre les bactéries et/ou les autres microorganismes et/ou les cellules de l'hôte. Celle-ci est donc moins explorée (Zoetendal, Collier et al. 2004). Des amélioration sur la détection des bactéries intestinales ont été réalisées grâce à la biologie moléculaire basée sur l'analyse moléculaire des ADN et ARN 16S ribosomaux (Suau, Bonnet et al. 1999; Eckburg, Bik et al. 2005).

II-1.2 La flore de la souris

La souris est un des animaux de laboratoire les plus utilisés. La microflore de la souris est caractérisée par une grande dominance des bactéroïdes dans le cæcum et le gros intestin (Schaedler and Dubos 1962; Smith 1965; Spears and Freter 1967). La microflore autochtone de la souris est constituée essentiellement de *Lactobacillus* et streptocoques anaérobies (Duobos, Schaedler et al. 1963; Dubos, Schaedler et al. 1965) qui apparaissent en premier après la naissance et persistent en plus grand nombre dans tout l'intestin et l'estomac (Savage, Dubos et al. 1968; Tannock 1997; Pena, Li et al. 2004). On trouve également des streptocoques, des microcoques et *Clostridium welchii*, et la présence de levures est souvent constatée (Schaedler and Dubos 1962; Smith 1965; Savage and Dubos 1967). *E. coli* est trouvé constamment, mais parfois en quantité proche de celui des lactobacilles et parfois en quantité bien plus faible (Smith 1965). Enfin certaines espèces, par exemple les *Flavobacterium*, apparaissent très transitoirement et uniquement dans l'intestin grêle, puis disparaissent rapidement ensuite (Ducluzeau 1969).

II-1.3 Etablissement de la flore

Le fœtus des mammifères évolue *in utero* dans un environnement stérile et la colonisation microbienne intervient au moment de la naissance. Le nouveau-né est dans un environnement bactérien essentiellement fourni par les flores vaginales et fécales de la mère. Pendant les 12-24 premières heures de la vie les premières bactéries colonisatrices apparaissent dans son tube digestif, ce sont des *Escherichia coli* et *Enterococcus* sp. Puis les souches anaérobies strictes apparaissent rapidement. Elles sont constituées de *Bifidobacterium* sp., accompagnées de quelques *Bacteroides* sp. si le nouveau-né est nourri au sein. Chez l'enfant nourri avec des formules infantiles, le genre *Bacteroides* sp. est prédominante et les bifidobactéries sont présentes de façon aléatoire. L'équilibre de la microflore intestinale est proche de celui de l'adulte vers l'âge de 2 ans (Midtvedt and Midtvedt 1992; Bourlioux, Koletzko et al. 2003). C'est également vers l'âge de 2 ans que les systèmes immunitaires périphérique et intestinal de l'enfant sont estimés matures. Ainsi du point de vue physiologique, la relation flore/immunité est particulièrement importante à considérer durant cette première période de vie. Une perturbation de l'équilibre microbien pendant cette période par divers facteurs comme les conditions de la naissance, la prise d'antibiotiques, une mauvaise alimentation, peut avoir des conséquences importantes à court, mais aussi à long terme (Rambaud, Buts et al. 2004).

---

1. Facteurs médiés par l'hôte

- pH, secrétions (immunoglobulines, bile, sels, enzymes)
- Motilité (péristaltisme)
- Physiologie (variable selon les compartiments)
- Cellules détachées, mucines, exsudats de tissus

2. Facteurs microbiens
- Adhésion
- Motilité
- Flexibilités nutritionnelles
- Spores, capsules, enzymes, composants antimicrobiens
- Temps de génération

3. Interactions microbiennes
- Synergie
  - Coopération métabolique
  - Excrétion de vitamines et facteurs de croissances
  - Changement de E_h (potentiel d'oxydoréduction), pH et tension de O_2

- Antagonisme/ Stimulation
  - Acides gras courte chaîne, amines
  - Changement de E_h, pH et tension de O_2
  - Composants antimicrobiens, sidérophores
  - Besoins nutritionnels, etc.

4. Régimes alimentaires
- Composition, fibres non digestibles, médicaments, etc.

Tableau 3 : Les principaux facteurs influençant la composition de la microflore intestinale (Adapté de Holzapfel, et al., 1998).

II-1.4 Les principaux facteurs influençant le microbiote intestinal

La composition et les fonctions de la microflore du tractus gastro-intestinal sont influencées par des facteurs exogènes et endogènes. Les facteurs exogènes incluent les changements des conditions physiologiques de l'hôte (âge, état de santé, etc.), la composition du régime alimentaire et l'influence de l'environnent (contamination par les pathogènes, antibiothérapie, chimiothérapie, climat, stress, hygiène …) (Hopkins and Macfarlane 2002). Les facteurs endogènes incluent un ensemble de sécrétions du tube digestif mais aussi des métabolites des premiers microorganismes colonisateurs qui globalement conditionnent le milieu physico-chimique du biotope. Les facteurs majeurs influençant la microflore gastro-intestinale sont résumés dans le **tableau 3**. Les divers facteurs dans le **tableau 3** peuvent perturber l'équilibre de l'écosystème intestinal en favorisant la survie et de développement de certaines espèces par rapport à d'autres. Dans certains cas, ce déséquilibre peut être favorable à la prolifération de microorganismes opportunistes pathogènes pouvant compromettre la santé et le bien-être de l'hôte.

II-1.5 Fonctions de la flore intestinale

Le microbiote intestinal exerce de nombreuses fonctions physiologiques dont la plupart d'entre elles sont nécessaires et bénéfiques pour le maintien de la santé de l'hôte.

Les bactéries participent aux défenses ('barrière intestinale') contre des bactéries pathogènes. Les bactéries commensales occupent des sites potentiels de colonisation par les pathogènes en empêchant la pénétration d'antigènes nuisibles et en évitant ainsi la pullulation de germes pathogènes. Elles consomment les nutriments disponibles limitant la source de nutriments pour les pathogènes et entrent en compétition avec les pathogènes pour l'accès aux récepteurs de l'hôte. De plus, elles sécrètent des molécules antimicrobiennes telles les bactériocines au niveau de la surface épithéliale et agissent aussi sur le milieu (p. ex. acidification).

Un autre rôle de ce microbiote est l'absorption et la digestion de nutriments. La flore intestinale peut métaboliser de nombreuses substances d'origine exogène (les résidus alimentaires non digérés dans la partie supérieure du tractus digestif) et endogène (mucopolysaccharides, cellules desquamées et enzymes synthétisés par l'hôte). La dégradation et la fermentation de ces substrats conduisent ensuite à la production de divers métabolites comme des acides gras à chaîne courte (AGCC), des vitamines B (B_1, B_2, B_6 et B_{12}) et de vitamine K, …. L'ensemble de ces productions fournit aux bactéries l'énergie nécessaire à leur croissance et au maintien de leurs fonctions cellulaires. Ces activités sont également importantes pour l'hôte puisque (1) les métabolites formés sont, pour la plupart, absorbés et utilisés par l'organisme, (2) ils facilitent par ailleurs l'absorption des ions, le métabolisme des xénobiotiques, le métabolisme hépatique des lipides et facilite le transit intestinal de par leur capacité d'effet de masse, (3) la fermentation des glucides, en stimulant la protéosynthèse microbienne, contribue largement à diminuer la disponibilité de nombreux métabolites potentiellement toxiques dérivés des protéines.

Il a été clairement montré que le microbiote intestinal contribue à l'absorption par l'hôte de glucides et de lipides (Backhed, Ley et al. 2005; Sonnenburg, Xu et al. 2005) et régule le stockage des graisses (Backhed, Ding et al. 2004; Turnbaugh, Ley et al. 2006). Un équilibre modifié du microbiote intestinal a été observé chez des souris obèses qui présentaient une proportion plus importante de Firmicutes associée à une plus faible population de Bacteroidetes (Ley, Backhed et al. 2005). La présence du microbiote aboutit à une augmentation du stockage de triglycérides dans les adipocytes ainsi qu'à une activité lipoprotéine lipase plus élevée (Backhed, Manchester et al. 2007).

Les bifidobactéries et les lactobacilles, ainsi que certains entérocoques, streptocoques et bactéroïdes, se distinguent par leurs effets bénéfiques sur la santé de l'hôte, tels que l'amélioration de la maturation et de l'intégrité de l'intestin et la modulation de la fonction immunitaire (Gershwin and Schiffrin 2002; Schiffrin and Blum 2002). D'autres fonctions bénéfiques du microbiote sont présentées dans la partie I-2.4 Relations des composants de l'écosystème gastro-intestinal.

II-2 La muqueuse intestinale

La muqueuse intestinale est une structure physico-chimique complexe qui sépare les tissus (milieu intérieur) de la lumière intestinale (milieu extérieur). Physiquement, elle est constituée d'un épithélium et d'une sous-couche : la lamina propria (Bourlioux, Koletzko et al. 2003). L'épithélium de cette muqueuse joue un rôle crucial dans le maintien de l'homéostasie intestinale (Otte, Cario et al. 2004) et dans la composition de la flore intestinale (Kagnoff and Eckmann 1997; Rakoff-Nahoum, Paglino et al. 2004).

La surface de la muqueuse intestinale est couverte de valvules conniventes, sortes de vagues successives couvrant toute la surface. Leurs surfaces apparaissent très irrégulières, car elle sont couvertes de villosités et de cryptes de Lieberkühn (Mouton 2004). La villosité intestinale est l'unité tissulaire essentielle de l'absorption. Elle est étroitement liée à la crypte et au tissu conjonctif sous-jacent, ou lamina propria. La crypte s'ouvre à la base de la villosité et assure le renouvellement de l'épithélium. Les cryptes représentent une zone de prolifération cellulaire alors que les villosités représentent une zone de différenciation cellulaire à partir des cellules souches situées dans le 1/3 inférieur des cryptes.

La **figure 6** présente la muqueuse intestinale et des cellules épithéliales.

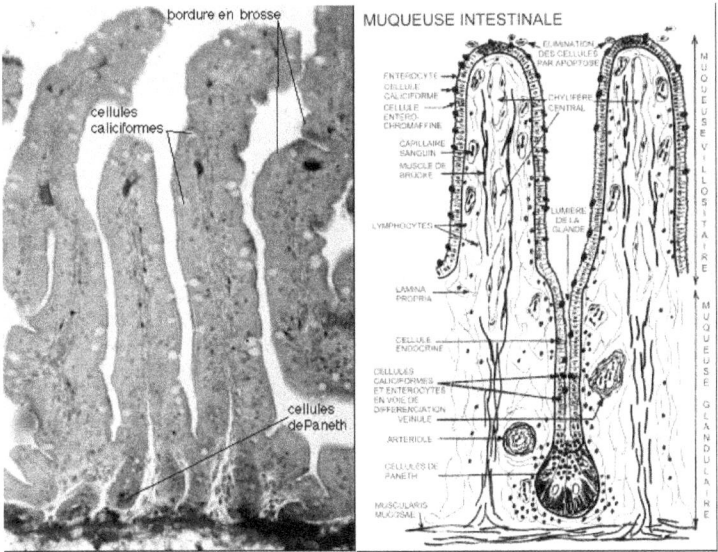

Figure 6 : Muqueuse intestinale et cellules épithéliales.

II-2.1 Les cellules épithéliales

Il y a 4 types cellulaires : les entérocytes, les cellules caliciformes (aussi appelées « *goblet cells* », les cellules endocrines qui migrent et se différencient à partir des cryptes de Lieberkühn vers le sommet des villosités et les cellules de Paneth qui se différencient, au contraire, en migrant vers le fond des cryptes de Lieberkükn, (Cheng and Leblond 1974; Falk, Hooper et al. 1998). Ces cellules épithéliales ont un cycle de vie d'environ 2-5 jours et sont ensuite exfoliées dans la lumière intestinale. Le renouvellement des cellules de Paneth est plus long car leur durée de vie moyenne atteint jusqu'à une vingtaine de jours (McCracken and Lorenz 2001).

II-2.1.1 Les entérocytes

Les entérocytes représentent 80% des cellules au niveau des villosités, ils assurent une fonction de barrière mécanique grâce aux jonctions serrées (*tight junctions*). Ces cellules épithéliales possèdent deux fonctions antinomiques : limiter les entrées des grosses molécules indésirables tout en absorbant les petites molécules de nutriments grâce aux multiples enzymes et transporteurs membranaires de leur bordure en brosse.

Les entérocytes produisent une série de cytokines pro inflammatoires tel que l'IL6 (Shirota, LeDuy et al. 1990), l'IL7 (Watanabe, Ueno et al. 1995), l'IL8 (Eckmann, Jung et al. 1993) et TNFα (Jung, Eckmann et al. 1995). La sécrétion des cytokines est différente selon la présence de bactéries pathogènes ou commensales (Eckmann, Kagnoff et al. 1993; Schiffrin and Blum 2002). Les entérocytes synthétisent également des peptides antimicrobiens appelé β-défensines (Huttner and Bevins 1999). Ainsi les entérocytes signalent la présence de pathogènes invasifs aux cellules immunitaires et inflammatoires présentes dans la muqueuse intestinale via ces cytokines et peptides antimicrobiens (Eckmann, Kagnoff et al. 1995). Ces réponses aux agressions microbiennes font partie du système immunitaire inné (Goldsby, Kindt et al. 2000).

Les entérocytes modulent l'expression géniques de différents gènes impliqués dans les fonctions intestinales selon la présence ou non de bactéries commensales (Hooper, Wong et al. 2001). Chez la souris axénique, dont l'intestin est stérile, le système immunitaire intestinal est peu développé, les plaques de Peyer sont atrophiées et la cellularité de la *lamina propria* (cellules B, cellules T et plasmocytes à IgA) est très pauvre (Moreau and Gaboriau-Rauthiau 2000).

Les entérocytes, sous l'action de cytokines, sont capables d'exprimer les antigènes du CMH-II, donc de présenter les antigènes aux cellules immunocompétentes. Il existe donc des échanges d'informations entre entérocytes et lymphocytes de lamina propria (Eivazova, Vassetzky et al. 2007).

II-2.1.2 Les cellules caliciformes

Les cellules caliciformes sécrètent le mucus qui fait partie intégrante de l'intestin et agit comme un moyen supplémentaire de protection contre les agressions.

Il y a 2 types de mucus dans l'intestin : 1) un gel insoluble, qui adhère fortement aux cellules; et 2) une couche visqueuse, qui est soluble dans l'eau et couvre le gel (Bourlioux, Koletzko et al. 2003).

Le mucus est composé de mucines, de glycoprotéines naturelles (Corfield, Myerscough et al. 2000). Il existe un large répertoire de sites potentiels d'adhérence dans le mucus pour les adhésines bactériennes. Ce répertoire de sites d'adhérence est génétiquement contrôlé par l'hôte. Le génome de l'hôte contrôle donc l'adhérence des bactéries (Bourlioux, Koletzko et al. 2003).

Les cellules caliciformes sécrètent également des peptides très actifs, notamment des peptides en forme de trèfle qui renforcent le rôle de protection du mucus contre des agressions potentielles en stimulant des processus de réparation de l'épithélium intestinal. Il existe une étroite synergie, de manière réciproque, entre l'action protectrice du mucus et celle des peptides en forme de trèfle (Plaut 1997).

II-2.1.3 Les cellules endocrines

Les cellules endocrines sont dispersées tout au long de l'intestin grêle et du côlon. Il existe plusieurs types de cellules endocrines, chaque type synthétisant un seul peptide. Elles font partie des types cellulaires qui prennent la mesure du contenu intestinal avec les systèmes nerveux et immunitaire. En réponse, elles sont capables de produire plus d'une vingtaine d'hormones différentes (Furness, Kunze et al. 1999).

Parmi celles-ci, nous trouvons la sécrétine, la cholecystokine, la motiline, la somatostatine, le GIP (de *Gastric Inhibitory Peptide*). Ces hormones sont libérées par le pôle basal dans les capillaires sanguins apportant ainsi des informations au niveau systémique.

II-2.1.4 Les cellules de Paneth

Les cellules de Paneth, en réponse aux antigènes bactériens, déchargent des substances antimicrobiennes dans la lumière intestinale. Ces sont des peptides de type α-défensine et des enzymes aux propriétés puissamment antimicrobiennes telles que du lysozyme et de la phospholipase A_2 sécrétoire (Ouellette 1997).

Les cellules de Paneth régulent l'angiogenèse intestinale sous l'influence des bactéries intestinales (Stappenbeck, Hooper et al. 2002).

Elles influencent aussi le micro environnement de la crypte en stimulant le largage d'ions chlore par les cellules épithéliales ou en influençant la fréquence des mitoses des cellules indifférenciées (Ouellette 1997). Un dysfonctionnement des cellules de Paneth est donc incriminé dans la genèse des maladies inflammatoires intestinales vu leur impact potentiel sur la microflore et sur les capacités de multiplication des cellules souches (Ayabe, Satchell et al. 2000; Ouellette and Bevins 2001).

II-2.2 Autres cellules de l'épithélium intestinal

• Les cellules M

Egalement présent au niveau de l'épithélium, on trouve un autre type de cellules, éparpillées régulièrement entre les entérocytes et d'aspect très différent : il s'agit des cellules M. Elles jouent un rôle primordial dans l'information du système immunitaire. Ces cellules ont la propriété de capturer les antigènes luminaux et par transcytose de les mettre en contact avec des CPA. Celles-ci stimulant secondairement le système immunitaire.

• Les lymphocytes intraépithéliaux

Localisés entre les entérocytes se trouvent aussi des lymphocytes T spécifiques de l'épithélium muqueux : les lymphocytes intraépithéliaux (LIE) qui possèdent des fonctions inductrices et interviennent dans la modulation de la réponse immunitaire locale en sécrétant un grand nombre de cytokines Th1 et Th2 (Fujihashi, Kweon et al. 1997).

II-3 Système immunitaire associé à l'intestinal

Le système digestif produit 60% des immunoglobulines corporelles totales et contient la majorité des lymphocytes du corps humain, évaluée à

10^6 lymphocytes/g de tissu (Salminen, Bouley et al. 1998). Le système immunitaire associé à l'intestin est nommé GALT pour gut associated lymphoid tissue. Il comprend des structures parfaitement organisées (plaques de Peyer et ganglions mésentériques), des structures plus diffuses (follicules lymphoïdes disséminés) et des cellules immunocompétentes dispersées dans la muqueuse. La lamina propria est un site effecteur contenant un grand nombre de cellules immunitaires activées et matures tel que CPA (DCs, macrophages), lymphocytes T dont une majorité de cellules T de type helper ($CD4^+$) et beaucoup de cellules « mémoire », lymphocytes B et plasmocytes dont 90% synthétisent les IgA (Genetet 2005). Ces dernières sont excrétées dans la lumière intestinale sous une forme dimérique associée à une protéine, la pièce sécrétoire, leur conférant une résistante à l'action des enzymes protéolytiques intestinales présentes dans l'intestin. La fonction obtenue par la médiation des anticorps IgA est appelée l'exclusion immunitaire. La sécrétion des anticorps empêche la colonisation épithéliale de pathogènes et interdit la pénétration de matières étrangères nuisibles (Bourlioux, Koletzko et al. 2003).

II-3.1 Cellules M et capture des antigènes

Les antigènes alimentaires sont captés par les entérocytes, les dendrites des cellules dendritiques ou par les cellules M (de *microfold cells*) (Neutra and Kraehenbuhl 1992). Ces dernières cellules sont situées sur une structure spécifique à la muqueuse : le dôme. Celui-ci n'est pas recouvert par le glycocalyx. Les antigènes sont donc plus accessibles (Kraehenbuhl and Neutra 2000). A la base du dôme se trouvent les plaques de Peyer. Les cellules M sont considérées comme les portes du système immunitaire muqueux.

Ayant traversé l'épithélium, les antigènes sont capturés par les CPA situées sous les cellules M. Les cellules présentatrices d'antigène peuvent alors rejoindre les plaques de Peyer et initier la réponse immune.

II-3.2 Les plaques de Peyer

Une plaque de Peyer est constituée de trois éléments essentiels (**figure 7**) : les follicules lymphoïdes, la zone inter folliculaire et l'épithélium associé aux follicules (Kraehenbuhl and Neutra 1992). C'est à leur niveau que s'effectue la phase d'initiation de la réponse immune.

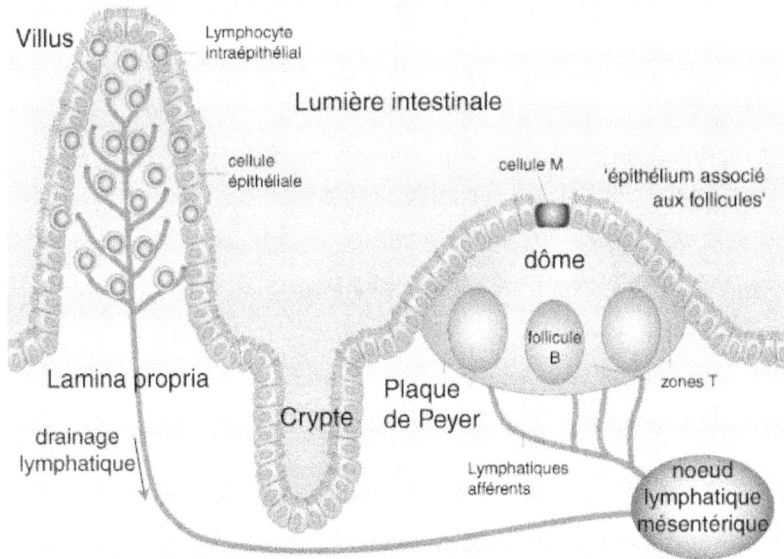

Figure 7 : Le système immunitaire associé à intestin.

Les follicules eux-mêmes contiennent des lymphocytes B, des cellules dendritiques et des macrophages. Les cellules B de la périphérie des follicules présentent des IgM membranaires (cellules B IgM$^+$), tandis que celles de la région centrale (centre germinatif) ont subi la commutation de classe et expriment en surface des IgA (cellules B IgA$^+$). Les régions para folliculaire, inter folliculaire et la corona contiennent des cellules T. Les cellules T auxiliaires (CD3$^+$ CD4$^+$) se trouvent de manière préférentielle dans la corona, tandis que les cellules T cytotoxiques (CD3$^+$ CD8$^+$) peuplent la région para folliculaire. Chez la souris, les plaques de Peyer contiennent des nombres équivalents de lymphocytes auxiliaires T helper (Th) de type 1 (Th1) et de type 2 (Th2) (Owen, 1990).

II-3.3 « homing » de cellules T

Après activation, différentiation et prolifération dans les plaques de Peyer, les lymphocytes T et B migrent vers le compartiment systémique via les ganglions mésentériques et la lymphe et rejoignent le courant sanguin par le canal thoracique. Puis ils rejoignent les muqueuses où ces cellules sont alors fonctionnelles. Les plasmocytes, dérivés des cellules B sécrètent des IgA spécifiques qui vont neutraliser les antigènes. Les cellules T cytotoxiques vont neutraliser et tuer les pathogènes ou les cellules infectées reconnues (Kraehenbuhl and Neutra. 1992). Le retour sur les sites d'initiation s'appelle le « homing ». Les réponses immmunes initiées au niveau d'une plaque de Peyer peuvent donc être disséminées à l'ensemble des muqueuses pour permettre d'éliminer un antigène du non-soi.

II-3.4 Fonctions du système immunitaire intestinal (SII)

Le système immunitaire intestinal doit reconnaître et éliminer des nombreux micro-organismes pathogènes et toxines présentent sur la muqueuse intestinale. En même temps, il ne doit pas déclencher de réponses immunitaires contre des antigènes alimentaires et des bactéries commensales. Le SII est donc capable d'élaborer deux types de réponses contradictoires, défense ou tolérance, et les mécanismes par lesquels il effectue ce choix ne sont pas encore complètement élucidés (Moreau 2005).

La tolérance induite par voie orale se définit par la suppression des réponses immunes humorales et cellulaires spécifiques de la protéine ingérée (Mowat 2003). Il est particulièrement important en nutrition d'empêcher l'émergence des réactions d'hypersensibilités, dont l'allergie, aux protéines alimentaires (Fuller and Perdigon 2003). Son site d'induction pourrait être la plaque de Peyer (présence de Treg et de cytokines inhibitrices de la réponse immune TGF-β et IL10), mais aussi l'entérocyte qui est une source importante de TGF-β (van Niel, Raposo et al. 2001; Mowat 2003). La perméabilité intestinale a été proposée comme jouant aussi un rôle dans l'introduction ou non de la tolérance orale, son augmentation étant souvent associée à une rupture de tolérance orale sans que l'on sache vraiment si elle en est la cause ou la conséquence (Isolauri, Rautava et al. 2002). La dose d'antigène et les bactéries de la flore intestinale influencent aussi fortement l'induction et le maintien dans le temps de la tolérance orale (Galdeano, de Moreno de LeBlanc et al. 2007).

II-4 Relations des composants de l'écosystème gastro-intestinal

Les relations entre les microorganismes et l'hôte peuvent être de trois types: symbiose, commensalisme et parasitisme (Hooper and Gordon 2001). Le commensalisme est une association étroite entre différentes espèces qui vivent de façon telle que l'une d'entre elles en tire bénéfice mais sans nuire aux autres espèces au contraire du parasitisme. La symbiose est l'association étroite (cohabitation) entre deux organismes, chacun tirant un bénéfice de l'autre. Dans la relation symbiotique, les bactéries profitent d'une température stable, de l'oxygène et d'un apport nutritif. Les hôtes tirent profit d'une capacité métabolique et/ou digestive plus importante et de l'exclusion compétitive des pathogènes (Collier-Hyams and Neish 2005).

Les relations entre le microbiote intestinal et son hôte sont de type symbiotique. Cette flore est relativement stable pour un individu donné et plusieurs facteurs de l'hôte contrôlent sa composition comme le sexe, l'age et l'état de santé, etc. (Kelly, Conway et al. 2005). Ces bactéries et leur hôte ont développé fortement des outils sophistiqués de communication qui permetent de maintenir ou rétablir l'état de santé par leurs effets combinés (Freitas, Tavan et al. 2003). Ainsi à la naissance, l'acquisition de la flore intestinale s'accompagne d'une maturation de la muqueuse intestinale et le système immunitaire exerce une action sur la flore intestinale.

Les effets des bactéries introduites par l'alimentation sont assez mal connus que ce soit sur l'évolution de la flore elle-même ou sur l'effet de ces bactéries exogènes pour l'hôte. Comment l'hôte distingue-t-il les bactéries exogènes pathogènes des bactéries exogènes inoffensives? Ces bactéries inoffensives sont-elles neutres pour l'hôte ou bien apportent-elles un plus (Cebra 1999)? Cependant il est bien connu que les bactéries probiotiques d'origine alimentaire contribuent aussi à l'équilibre de cet écosystème.

II-4.1 Le microbiote et l'épithélium intestinal

Les bactéries contribuent au développement de la muqueuse en facilitant la prolifération et la différentiation épithéliale. Le renouvellement de l'épithélium colique apparaît ralenti en absence de flore intestinale. La vitesse de production de cellules par les cellules de la crypte est ainsi réduite d'environ 20% (Alam, Midtvedt et al. 1994).

Les réseaux de vaisseaux sanguins des villosités intestinales de souris adultes initialement axéniques est deux fois moins dense par rapport aux souris conventionnelles (Stappenbeck, Hooper et al. 2002). Le microbiote intestinal joue donc un rôle important dans l'angiogenèse intestinale.

D'autres effets de la flore intestinale sur le métabolisme de l'hôte ont été mis en évidence par comparaison entre les animaux axéniques (sans germe) et les animaux conventionnels. Les animaux axéniques présentent une vascularisation de l'intestin plus faible, des activités enzymatiques digestives réduites, une couche de mucus plus importante, une susceptibilité aux infections augmentée ou encore un besoin calorique supérieur de 20 à 30 % par rapport à des animaux conventionnels (Shanahan 2002).

Des bactéries commensales et probiotiques ainsi que leurs facteurs solubles peuvent directement interréagir avec l'épithélium intestinal (Hooper and Gordon 2001) et peuvent modifier des propriétés de la surface de cellules épithéliales (Freitas, Cayuela et al. 2001; Freitas, Axelsson et al. 2002). Un tel type d'interaction, peut aider à protéger l'hôte contre une grande variété de microbes pathogènes qui emploient des motifs glycanes comme cibles normales pour envahir les cellules intestinales (Granato, Bergonzelli et al. 2004; Coyne, Reinap et al. 2005). D'autres études ont montré que plusieurs propriétés de l'intestin dépendaient principalement du dialogue mutuel entre l'épithélium et des bactéries : la production de matrilysine, une métallo-protéase impliquée dans le contrôle d'activation de pro-défensines (Lopez-Boado, Wilson et al. 2000), un changement global du profil transcriptionel des cellules intestinales (Hooper, Wong et al. 2001), des modifications de la vascularisation intestinale (Stappenbeck,

Hooper et al. 2002), une modification de propriétés myo-électriques intestinales (Husebye, Hellstrom et al. 2001), une induction de gènes spécifiques, par exemple des facteurs angiogeniques (Hooper, Stappenbeck et al. 2003).

II-4.2 Le microbiote et le système immunitaire

Le microbiote joue un rôle essentiel dans le développement et la maturation du système immunitaire et sur ses fonctions. Chez les animaux axéniques le système immunitaire est peu développé et est déficient : immaturité des CPA et production de cytokines limitées (Bondada, Wu et al. 2000), mauvaise orientation de l'équilibre Th1/Th2 (Sudo, Yu et al. 2002), faible diversité des anticorps sécrétés (Wostmann and Pleasants 1991), difécultés pour l'établissement de la tolérance orale (Michalek, Kiyono et al. 1982; Sudo, Sawamura et al. 1997; Strobel and Mowat 1998), hypoplasie des plaques de Peyer et quantité de lymphocytes intraépithéliaux réduite (Moreau and Gaboriau-Rauthiau 2000). Les anomalies observées ne se limitent cependant pas à l'épithélium intestinal puisque la rate et les ganglions lymphatiques des animaux axéniques sont non structurés et présentent des zones lymphocytaires atrophiées (Macpherson and Harris 2004). La colonisation du tube digestif de souris axéniques par une flore de souris conventionnelle adulte annule en trois semaines ces anomalies du système immunitaire (Moreau and Gaboriau-Rauthiau 2000).

Plusieurs expériences chez l'homme et l'animal montrent que des probiotiques ingérées peuvent aussi moduler des fonctions du système immunitaire (Gill 1998; Juntunen, Kirjavainen et al. 2001; Fioramonti, Theodorou et al. 2003; Hao and Lee 2004; Ljungh and Wadstrom 2006). Ces effets dépendent la fois de la diversité des microorganismes et des modèles expérimentaux considérés, mais aussi du type de réponse immune étudiée, intestinale ou systémique, cellulaire ou humorale, innée ou acquise, dont les significations sont très différentes.

Les bactéries exogènes inoffensives induisent une réponse de type tolérance du système immunitaire (Braun-Fahrlander 2002). Les mécanismes par lesquels les bactéries contrôlent les réponses immunes inflammatoires pourraient avoir des conséquences à long terme sur la santé. Ainsi les probiotiques peuvent jouer un rôle bénéfique sur le bien-être de l'hôte. Les pathogènes, au contraire, modifient cet équilibre bénéfique et jouent un rôle néfaste pour l'hôte (Kelly, Conway et al. 2005).

Des probiotiques et des espèces pathogènes sont tous les deux capables d'entrainer des réactions immunitaires similaires car elles possèdent souvent des empreintes moléculaires semblables comme les structures moléculaires associés aux pathogènes (PAMPS) (Coombes and Maloy 2007). Le mécanisme par lequel le système immunitaire intestinal distingue les probiotiques des bactéries pathogènes est encore peu connu.

Une explication simple, non démontrée, suggère que les pathogènes sont capables de traverser l'épithélium intestinal alors que les espèces commensales sont maintenues dans la lumière intestinale. Les facteurs intervenants seraient, la couche muqueuse, les jonctions serrées entre des cellules épithéliales et les sIgA. En conséquence, la probabilité pour les bactéries commensales de réagir avec des cellules de l'immunité innée portant des PRR (de *pattern recognition receptors*) serait énormément diminuée.

Cependant, cette explication simple est contredite par certaines remarques. Les bactéries commensales ne sont pas ignorées par le système immunitaire et peuvent activer des PRR et donc induire des réactions immunitaires. Nous ne savons pas actuellement si les bactéries commensales et les bactéries pathogènes se servent des mêmes jeux de PRR ou si les différences résultent de voies de signalisation différentes. Ainsi, les DCs du microenvironnement intestinal peuvent introduire des réponses de type inhibant ou induisant une production de cellules T régulatrices tant au niveau local qu'au niveau systémique (Coombes and Maloy 2007).

III. Les aliments fonctionnels

Le rôle premier de l'alimentation est de fournir des substances nutritives nécessaires pour couvrir les besoins nutritionnels d'un individu. Des données scientifiques soutiennent l'hypothèse que quelques produits alimentaires et composants de l'aliment ont des effets physiologiques et psychologiques bénéfiques, en plus de leur rôle d'apport de molécules de base (Salminen, Bouley et al. 1998; Roberfroid 2000; Ashwell 2002; van Kleef, van Trijp et al. 2005). L'identification de ces composants biologiquement actifs dans les produits alimentaires est en développement et est un axe d'étude important des industriels de l'agroalimentaire (Saris, Asp et al. 1998).

Généralement, ils sont considérés comme des aliments ayant un effet bénéfique sur une ou plusieurs fonctions cibles dans l'organisme, au-delà des effets nutritionnels habituels, et pouvant soit améliorer l'état de santé et le bien être d'un individu soit réduire le risque d'une maladie (Contor 2001). Les aliments fonctionnels doivent prendre la forme de produits alimentaires traditionnels et ils doivent démontrer leurs effets dans des quantités que l'on peut consommer dans le cadre d'un régime normal (Contor 2001).

Un aliment fonctionnel peut être un aliment entièrement naturel, un aliment auquel un composant a été ajouté ou un aliment dont un composant a été enlevé par des moyens technologiques ou biotechnologiques. Cela peut aussi être un aliment dans lequel la nature ou la biodisponibilité d'un ou plusieurs composants a été modifiée ou encore n'importe quelle combinaison de ces possibilités (Ashwell 2002). Un aliment fonctionnel peut s'adresser à la population entière ou à des groupes particuliers, qui peuvent être définis, par exemple, selon l'âge ou selon le fond génétique (Ashwell 2002).

Deux types d'allégation de santé appropriées aux aliments fonctionnels sont promulgués : 1) Le TYPE A, l'allégation "Amélioration de fonction" se réfère à des fonctions physiologiques et psychologiques spécifiques ainsi qu'à des activités biologiques pour lesquelles un bénéfice est établi sur la croissance, le développement et l'entretien de l'organisme ; 2) Le TYPE B, l'allégation "Réduction du risque de maladie" qui stipule que la consommation d'un aliment ou d'un composé de l'aliment peut contribuer à réduire le risque d'une maladie spécifique (Contor 2001).

Enormément d'aliments traditionnels comme les fruits, les légumes, le soja, les céréales complètes et le lait contiennent des composants bénéfiques pour la santé. En plus des aliments courants, de nouveaux produits ont vu le jour pour augmenter ou incorporer des composants avantageux dans notre alimentation. Il s'agit d'aliments comportant des minéraux, des vitamines, des acides gras spécifiques, des fibres alimentaires, des substances phytochimiques, des antioxydants, des probiotiques, etc.

Le **tableau 4** donne quelques exemples de composants d'aliments fonctionnels.

Composants fonctionnels	Source	Avantages potentiels
Caroténoïdes		
Alpha-carotène Bêta-carotène	Carottes, fruits, légumes	Neutralisent les radicaux libres qui peuvent endommager les cellules
Lutéine	Légumes verts	Réduit les risques de dégénérescence maculaire
Lycopène	Produits de tomate (ketchup, sauces)	Réduit les risques de cancer de la prostate
Fibres alimentaires		
Fibres insolubles	Son de blé	Réduisent les risques de cancer du sein ou du côlon
Bêta-glucane	Avoine, orge	Réduisent les risques de maladie cardiovasculaire. Protègent contre les maladies du coeur et certains cancers; abaissent le taux de lipoprotéines de basse densité et le cholestérol total
Fibre soluble	Psyllium	
Acides gras		
Oméga-3 à longue chaîne Acides gras - acide déhydracétique/acide eicosapentanoïque	Huiles de saumon et d'autres poissons	Réduisent les risques de maladie cardiovasculaire. Améliorent les fonctions mentales et visuelles
Acide linoléique conjugué (ALC)	Fromage, produits carnés	Améliore la constitution corporelle. Diminue les risques de certains cancers
Composés phénoliques		
Anthocyanidines	Fruits	Neutralisent les radicaux libres; réduisent les risques de cancer
Catéchine	Thé	
Flavonones	Agrume	

Composants fonctionnels	Source	Avantages potentiels
Flavones	Fruits/légumes	
Lignans	Lin, seigle, légumes	Prévient le cancer, l'insuffisance rénale
Tanins (proanthocyanidines)	Canneberges, produits à base de canneberges, cacao, chocolat	Améliorent la santé de l'appareil urinaire. Réduitent les risques de maladie cardiovasculaire.
Phytostérols		
Ester de stanol	Maïs, soja, blé, huiles de bois	Abaisse la cholestérolémie en inhibant l'absorption du cholestérol
Prébiotiques/probiotiques		
Fructo-oligosaccharides (FOS)	Topinambours, échalotes, poudre d'oignon	Améliorent la qualité de la flore microbienne intestinale; santé gastro-intestinale
Lactobacillus	Yogourt, autres produits laitiers	
Phytoestrogènes du soja		
Isoflavones: Daidzein Genistein	Soja et aliments à base de soja	Diminuent les symptômes de la ménopause. Préviennent les cardiopathies et certains cancers; abaissent le taux de lipoprotéines de basse densité et le cholestérol total.

Tableau 4 : Exemples de composants d'aliments fonctionnels.
(*Source : International Food Information Council*).

III-1 Lactoferrine

La lactoferrine est une protéine multifonctionnelle faisant partie de la famille de la transferrine et des glycoprotéines liant le fer non hémique (Masson, Heremans et al. 1969; Ward, Uribe-Luna et al. 2002). Elle est présente uniquement chez les mammifères (Baldwin 1993). Cette protéine possède une très forte affinité pour les ions ferriques et joue un rôle important comme barrière de défense de l'organisme.

III-1.1 Localisation et biosynthèse de la lactoferrine

La lactoferrine est exprimée dans de nombreux tissus, majoritairement dans la moëlle osseuse, la glande mammaire et l'utérus, et en moindre quantité par les cellules sécrétrices des muqueuses respiratoires et digestives et dans le système nerveux central. Le taux de synthèse est régulé différemment selon le type cellulaire et le stade de différenciation.

Elle est sécrétée dans les liquides de sécrétion, notamment le lait de la plupart des mammifères (Masson and Heremans 1971). Les concentrations varient énormément selon l'espèce considérée et la maturité du lait (Weiner and Szuchet 1975; Zimecki, Mazurier et al. 1991). La lactoferrine a été également retrouvée dans la plupart des sécrétions externes (Biserte, Havez et al. 1963; Masson, Heremans et al. 1969; Fukami, Stierna et al. 1993) et dans les cellules de l'épithélium de l'appareil digestif (Valnes, Brandtzaeg et al. 1984; Peen, Enestrom et al. 1996).

La lactoferrine est présente dans les granules secondaires des polynucléaires neutrophiles et est libérée dans le plasma par dégranulation de ces cellules (Rosenmund, Friedli et al. 1988). Le taux plasmatique de lactoferrine est considéré comme reflétant celui des neutrophiles et de leur activité métabolique (Thompson, Iyer et al. 2005). La lactoferrine est actuellement utilisée comme marqueur de dégranulation des neutrophiles lors des processus inflammatoires (Martins, Fonteles et al. 1995; Rebelo, Carvalho-Guerra et al. 1995; Arao, Matsuura et al. 1999). La synthèse de la lactoferrine est effectuée par les cellules hématopoïétiques aux stades tardifs de la différenciation granulocytaire. La concentration de la lactoferrine est maximale lorsque des polynucléaires neutrophiles sont matures. Cette biosynthèse de la lactoferrine est donc liée à l'apparition d'ARNm au stade de transition promyélocyte-myélocyte. Le processus de maturation myélocytaire peut être régulé par les acides rétinoïques et leur récepteurs qui apparaissent comme des inducteurs potentiels de la synthèse de la lactoferrine dans les cellules myéloïdes (Breitman, Selonick et al. 1980). Les différences de concentration de lactoferrine plasmatique observées entre mâles et femelles, pourraient être dues aux hormones sexuelles (Rosenmund, Friedli et al. 1988). Enfin la production de la protéine dépend aussi des facteurs de dégranulation tel que l'endotoxine, les facteurs de croissance épidermique (EGF), le complément et par la suite de l'état physiologique du sujet (septicémie, inflammation, cirrhose du foie, infarctus du myocarde) (Levay and Viljoen 1995).

III-1.2 Structure de lactoferrine

La structure tridimensionnelle de la lactoferrine a été résolue à l'aide de la technique de cristallographie aux rayons X (Anderson, Baker et al. 1987; Anderson, Baker et al. 1989). La lactoferrine bovine a été clonée et séquencée : La structure primaire de la chaîne peptidique de la protéine sécrétée correspond à un enchaînement entièrement élucidé de 689 résidus d'acides aminés (692 pour la lactoferrine humaine) (**figure 8**). Cette chaîne

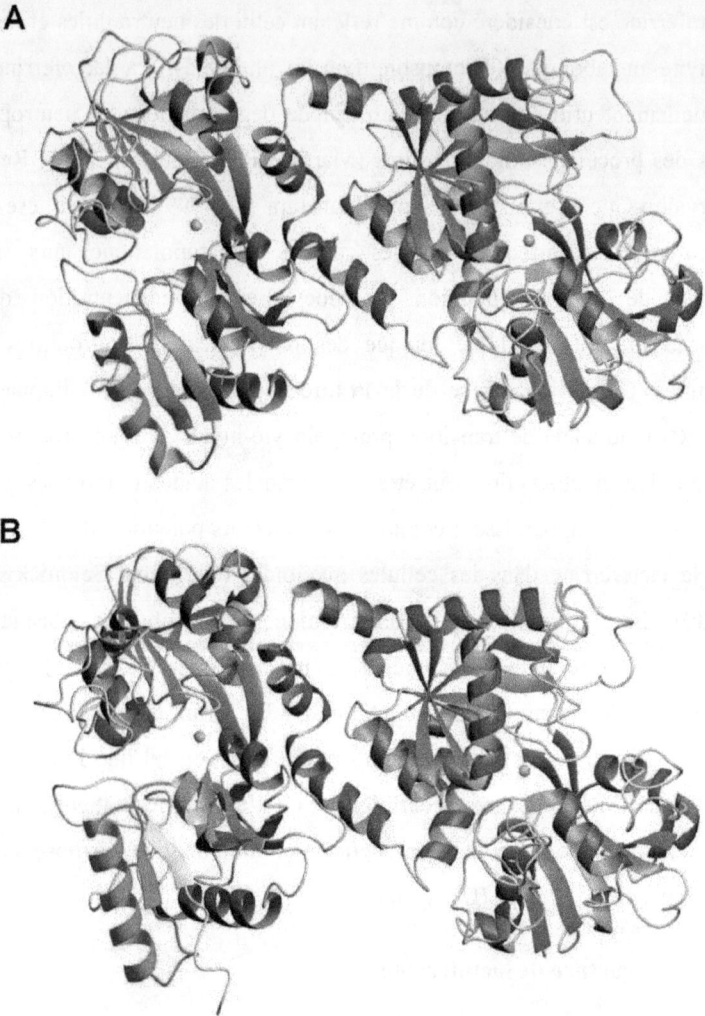

Figure 8 : Structure tridimensionnelle de la lactoferrine (A) bovine et (B) humaine. Seule la structure secondaire est montrée ; le bleu représente des feuillets-β et le rouge et l'orange représentent des hélices-α. Les portions correspondant à la lactoferricine bovine et humaine sont marquées en vert et jaune (Adapté de Vogel, et al., 2002).

polypeptidique est constituée de deux parties globulaires et chacune des deux parties se replie afin de former deux domaines. La région charnière qui unit les deux domaines forme une cuvette qui sert de site d'attachement pour les ions. Chacun des deux sites de liaison est capable de lier un seul ion ferrique à la fois (Vogel, Schibli et al. 2002).

III-1.3 Les récepteurs de la lactoferrine

La lactoferrine se lie à un grand nombre de cellules de mammifères par le biais d'un récepteur de basse affinité constitué de molécules sulfatées appartenant à la famille des protéoglycannes (Mann, Romm et al. 1994) et d'un récepteur de haute affinité comprenant des récepteurs spécifiques qui ont été plus ou moins bien caractérisés. Les activités biologiques induites par la lactoferrine dépendent des cellules cibles et de la présence des récepteurs spécifiques de lactoferrine à leur surface (Suzuki and Lönnerdal 2002). Différent tissus ou types de cellules expriment leurs propres récepteurs dont les caractéristiques semblent varier selon différents types cellulaires.

- **Les récepteurs entérocytaires**

Des récepteurs spécifiques à la lactoferrine ont été identifiés au niveau des membranes de bordure en brosse d'entérocytes de lapin (Legrand, Elass et al. 2006), de souris (Hu, Mazurier et al. 1988), de singe (Gislason, Iyer et al. 1994) et de fœtus humain (Kawakami and Lonnerdal 1991). La fixation de la lactoferrine a également été démontrée sur différentes lignées intestinales d'adénocarcinomes coliques humains telles que les cellules HT29 (Roiron, Amouric et al. 1989; Mikogami, Marianne et al. 1995) et Caco-2 (Smaby, Brockman et al. 1994). En revanche, l'intestin de rat ne possède pas de récepteur à la lactoferrine. Les vésicules de membrane de bordure en brosse intestinales (VMBBI) de rat interagissent avec la lactoferrine bovine par l'intermédiaire des récepteurs de la transferrine (Kawakami, Dosako et al. 1990). La fixation de la lactoferrine à son récepteur n'est pas liée à son degré de saturation en fer (Hu, Mazurier et al. 1988; Roiron-Lagroux and Figarella 1994; Davidson, Maki et al. 1998), cependant la lactoferrine est capable de céder son fer aux cellules (Mikogami, Marianne et al. 1995).

- **Les récepteurs des neutrophiles et monocytes**

Les leucocytes polynucléaires neutrophiles synthétisent la lactoferrine et ensuite la stockent dans leurs granules secondaires (Masson, Heremans et al. 1969). Il existe deux types de récepteurs de la lactoferrine sur la surface des neutrophiles, un de haute affinité et l'autre de basse affinité (Maneva, Sirakov et al. 1983). Lors des processus inflammatoires, la dégranulation des neutrophiles aboutit à la libération de la lactoferrine qui se fixe sur ces mêmes cellules (effet autocrine).

L'interaction de la lactoferrine avec la surface des monocytes et des macrophages péritonéaux a été établie chez la souris (Van Snick and Masson 1976) et humains (Bennett and Davis 1981; Birgens, Hansen et al. 1983; Britigan, Serody et al. 1991). Toutefois, la nature et le rôle biologique de cette fixation ne sont pas encore clairement définis.

- **Les récepteurs lymphocytaires**

De nombreuses études réalisées sur les lymphocytes de différentes espèces ont permis d'établir la présence de récepteurs spécifiques de la lactoferrine à leur surface (Van Snick and Masson 1976; Bennett and Davis 1981; Birgens, Hansen et al. 1983; Bi, Leveugle et al. 1994). Cependant,

79

l'expression du récepteur de la lactoferrine semble liée au stade de maturation ou d'activation des cellules. En effet, la fixation de la lactoferrine à la surface des lymphocytes B augmente au cours de leur maturation (Geier, Butler et al. 2007). Une étude plus récente a montré qu'une proportion significative de lymphocytes activés (B, γδ T, NK) interagit spécifiquement avec la lactoferrine et que la concentration de la lactoferrine présente dans le milieu de culture semble avoir une influence sur l'induction et la durée de l'expression du récepteur de la lactoferrine sur ces cellules (Mincheva-Nilsson, Hammarstrom et al. 1990).

Par ailleurs, des récepteurs spécifiques de la lactoferrine ont été identifiés et caractérisés à la surface des hépatocytes (Bennatt and McAbee 1997; Peen, Johansson et al. 1998), des plaquettes (Leveugle, Mazurier et al. 1993; Nillesse, Pierce et al. 1994) ou encore des cellules épithéliales mammaires (Rochard, Legrand et al. 1992; Damiens, El Yazidi et al. 1998).

- **Les récepteurs aux micro-organismes**

La lactoferrine interagit également avec des micro-organismes. De nombreuses bactéries à Gram- reconnaissent la lactoferrine via leurs récepteurs qui sont spécifiques de la protéine et de l'espèce (Gray-Owen and Schryvers 1996) ou encore via leurs lipopolysaccharides (Appelmelk, An et al. 1994).

III-1.4 Les fonctions biologiques de la lactoferrine

III-1.4.1 Transport intestinal et devenir métabolique de la lactoferrine

L'absorption intestinale de la lactoferrine peut s'effectuer selon deux modes comprenant une voie majoritaire de dégradation non spécifique de la protéine et une voie minoritaire de transport de la protéine intacte par l'intermédiaire d'un récepteur (Downes, Barrett et al. 1988).

La lactoferrine est caractérisée par une forte résistance à la protéolyse. Les lactoferrines humaine et bovine ainsi que des fragments ont été détectés dans les selles et les urines de nouveaux-nés et de jeunes enfants (Downes, Barrett et al. 1988; Goldman, Garza et al. 1990; Gislason, Iyer et al. 1994). Plus de 90% de la lactoferrine est transportée sous des formes dégradées et une faible fraction (10%) traverse la muqueuse intestinale par transcytose sous la forme holo-lactoferrine (Mikogami, Heyman et al. 1994) et est retrouvée dans le sang. La détection de la lactoferrine dans le cytoplasme des entérocytes de l'intestin grêle humain confirme l'endocytose de la protéine immunoréactive (Peen, Enestrom et al. 1996).

Le catabolisme de la lactoferrine est mal connu. La lactoferrine en tant que protéine constitue une source d'acides aminés et peut être catabolisée comme toutes les autres protéines. Différents systèmes d'élimination peuvent être mis en jeu, la plupart faisant intervenir les récepteurs hépatiques dans le foie et les récepteurs macrophagiques au niveau du sang circulant. Après internalisation (endocytose), la protéine est transportée vers les lysosomes où elle peut être dégradée. Par ailleurs, il semble que les reins participent au catabolisme de la lactoferrine puisque des fragments de lactoferrine, ainsi que la protéine intacte sont détectés dans les urines de prématurés et d'enfants nourris avec du lait humain (Goldman, Garza et al. 1990; Gislason, Iyer et al. 1994).

III-1.4.2 Transport du fer

La présence de concentrations élevées de lactoferrine dans le lait maternel humain et la persistance d'une réserve de fer chez des nourrissons allaités sont en faveur d'une participation de la lactoferrine à l'absorption du fer (Zimecki, Mazurier et al. 1991; Thompson, Iyer et al. 2005). Sa dénaturation partielle affecte peu sa capacité à fixer le fer et à le fournir à des VMBB de singe rhésus (Davidsson, Kastenmayer et al. 1994). La lactoferrine joue un rôle mixte dans l'absorption intestinale du fer à partir du lait maternel. Elle favoriserait son absorption chez les nourrissons, et inversement, elle peut réguler l'absorption intestinale du fer et protéger la muqueuse contre une captation excessive de fer qui serait toxique pour l'organisme chez les sujets plus âgés dont les besoins en fer sont moindres (Brock 1980).

Plusieurs mécanismes de mise à disposition du fer de la lactoferrine ont été proposés : (1) le fer est transporté à travers l'entérocyte par la lactoferrine immunoréactive supposée intacte (Mikogami, Heyman et al. 1994) ; (2) le fer est libéré au niveau de la membrane plasmique par la lactoferrine liée à son récepteur sans être internalisée (Roiron-Lagroux and Figarella 1990); (3) le fer est libéré après l'absorption de la protéine et sa dégradation lysosomiale ; des produits de dégradation étant transportés par voie transcellulaire (Sanchez, Ismail et al. 1996).

III-1.4.3 Effets antibactérien, antifongique et anti-viral de la lactoferrine

La lactoferrine exerce un effet bactériostatique sur les souches bactériennes à Gram- et à Gram+ principalement lié à sa capacité à chélater le fer et à priver ainsi les micro-organismes d'un élément indispensable à leur croissance (Finkelstein, Sciortino et al. 1983; Jones, Smart et al. 1994). Elle neutralise ainsi les bactéries gourmandes en fer (*E. coli*). La lactoferrine bovine pourrait, en plus, avoir un rôle inhibiteur *in vivo* sur l'adhérence à la muqueuse intestinale murine de la souche enterotoxigène d'*E. coli* (Kawasaki, Tazume et al. 2000).

Une action antifongique attribuée à la lactoferrine humaine et bovine a été prouvée sur des levures comme *Candida* et sur des champignons filamenteux (Vorland 1999; Xu, Samaranayake et al. 1999; Tanida, Rao et al. 2001). L'effet inhibiteur de la lactoferrine sur la croissance des champignons, semble être fongistatique plutôt que fongicide (Andersson, Lindquist et al. 2000). C'est la lactoferricine B, peptide dérivé de la région N-terminale de la lactoferrine bovine, qui serait impliquée dans l'inhibition de la croissance des champignons (Vorland, Ulvatne et al. 1998).

Des études récentes ont montré un rôle anti-viral de la lactoferrine (Kaito, Iwasa et al. 2007; Redwan el and Tabll 2007; Zuccotti, Vigano et al. 2007; Keijser, Jager et al. 2008). Cet effet est indépendant du degré de saturation en fer de la lactoferrine et du type de métal fixé sur la molécule. La lactoferrine agit en se fixant aux héparanes sulfates protéoglycanes des cellules grâce à sa forte basicité et est ainsi capable d'inhiber l'adsorption et/ou la pénétration des virus (Jenssen, Andersen et al. 2004).

III-1.4.4 Régulation de la myélopoïèse

La myélopoïèse est un processus dynamique de prolifération et de différenciation des cellules précurseurs hématopoïétiques. Elle est régulée par des biomolécules possédant la capacité de la stimuler ou de l'inhiber (Broxmeyer, Williams et al. 1988). Parmi les stimulateurs de la myélopoïèse qui aboutissent à la formation de colonies de granulocytes et de monocytes/macrophages (GM-CSF : de *granulocyte/macrophage colony-stimulating factor*), se trouvent les glycoprotéines de la famille des CSF (de *colony-stimulating factor*), ainsi que l'IL-1 et l'IL-6. En revanche, la lactoferrine fait partie des inhibiteurs de la myélopoïèse en diminuant directement la libération de GM-CSF par les macrophages (Broxmeyer, Williams et al. 1987; Miyazawa, Mantel et al. 1991; Artym and Zimecki 2007). Cependant, le mécanisme d'action de la lactoferrine semble être indirect et passer par l'inhibition de la synthèse de l'IL-1. Elle supprime alors la production de GM-CSF, et réduit la survie des cellules souches des granulocytes/macrophages et des érythrocytes en culture (Zucali, Broxmeyer et al. 1989).

III-1.4.5 Modulation de la prolifération cellulaire

La lactoferrine peut être considérée comme un facteur de croissance *in vitro* de différents systèmes cellulaires comme les cellules endothéliales (Kim, Son et al. 2006) et Caco-2 (Buccigrossi, de Marco et al. 2007). Elle est considérée comme un facteur de croissance des os (Naot, Grey et al. 2005) et inhibe l'apoptose des ostéoblastes par la voie indépendante de RLP1 (Grey, Zhu et al. 2006). Un effet anti-tumoral de la lactoferrine lui a été attribué puisqu'elle est également capable de réduire la croissance des cellules cancéreuses (Chandra Mohan, Devaraj et al. 2006; Wolf, Li et al. 2007).

L'implication du fer dans l'effet de la lactoferrine sur la prolifération cellulaire est controversée. Pour certains auteurs, le fer ne jouerait aucun rôle, c'est la lactoferrine saturée dotée d'une activité mitogène qui intervient dans le processus de prolifération (Hagiwara, Shinoda et al. 1995). D'autres auteurs ont suggéré que la lactoferrine agirait par le biais de son fer en apportant aux cellules un élément nécessaire à leur croissance (Bi, Lefebvre et al. 1997).

III-1.4.6 Implication de la lactoferrine dans la réponse inflammatoire

Lors du processus inflammatoire, des monocytes et des polynucléaires neutrophiles migrent vers les sites inflammatoires. La lactoferrine humaine relarguée au cours de la dégranulation des neutrophiles joue un rôle dans cette mobilité, mais sans affecter celle des monocytes (Gahr, Speer et al. 1991). Quant à la lactoferrine bovine, des études ont par contre montré qu'elle n'aurait aucune influence sur la migration des neutrophiles de sang de chèvre (Wong, Liu et al. 1997). La lactoferrine pourrait contrôler négativement la stimulation de la migration des cellules immunitaires vers les sites infectieux afin d'éviter une activation excessive des neutrophiles (Crouch, Slater et al. 1992).

Les lactoferrines humaine et bovine ont la capacité de se lier directement avec des lipopolysaccharides (LPS) bactériens (Appelmelk, An et al. 1994). Normalement, l'exposition des LPS membranaires des bactéries à gram négatif mène à l'inflammation ; cependant, la région N-terminal de la lactoferrine humaine peut se lier aux LPS exposés, par conséquent bloquer la réponse inflammatoire (Nibbering, Ravensbergen et al. 2001). Les peptides isolés de la lactoferrine humaine ont montrés des capacité à neutraliser l'endotoxine, tel que lipide A et LPS de *E. coli*, *S. abortus equi*, *P. aeruginosa* et *N. meningitidis in vivo* (Zhang, Mann et al. 1999).

Un effet synergique de la lactoferrine et de certains facteurs de croissance tel que l'EGF (de *epidermal growth factor*) a été observé sur la prolifération cellulaire et la synthèse d'ADN (Hagiwara, Shinoda et al. 1995). Dans un travail récent, la combinaison de glycine et de lactoferrine a aussi montré un effet anti-inflammatoire synergique sur l'inflammation de la peau induite par le zymosan dans deux souches de souris (Hartog, Leenders et al. 2007).

III-1.4.7 Implication de la lactoferrine dans la réponse immunitaire

- **Modulation de la production de cytokines**

La lactoferrine possède une activité immunomodulatrice dans des processus généralement contrôlés par des médiateurs cellulaires tels que les cytokines. Elle peut fournir une protection contre des maladies auto-immunes ou allergiques par la correction du déséquilibre Th1/Th2 (Fischer, Debbabi et al. 2006).

Ainsi, la lactoferrine est capable de régler la sécrétion du TNF-α (Machnicki, Zimecki et al. 1993; Brock 1995; Griffiths, Cumberbatch et al. 2001) et celle de nombreuses interleukines tel que l'IL-1 et IL-1β (Crouch, Slater et al. 1992; Paul-Eugene, Dugas et al. 1993), de l'IL-2 (Slater and Fletcher 1987), et de l'IL-6 (Mattsby-Baltzer, Roseanu et al. 1996). Ces effets peuvent être directement liés aux récepteurs de la lactoferrine sur la surface des cellules immunitaires (Miyazawa, Mantel et al. 1991; Crouch, Slater et al. 1992). Typiquement, la lactoferrine inhibe la sécrétion de TNF-α par les neutrophiles et de ce fait réduit la réponse inflammatoire (Crouch, Slater et al. 1992; Brock 1995). Il n'est actuellement pas clair si la lactoferricine (peptide dérivé de la lactoferrine) produit la même réponse, bien qu'une première étude suggère qu'un peptide de 10 résidus soit suffisant pour agir sur des neutrophiles (Ueta, Tanida et al. 2001).

- **Maturation des lymphocytes T et B**

La lactoferrine stimule la réponse immunitaire par un mécanisme impliquant la maturation des lymphocytes T (Zimecki, Mazurier et al. 1991) et des lymphocytes B (Zimecki, Mazurier et al. 1995).

La maturation des cellules lymphocytaires est caractérisée par l'apparition de différents marqueurs à leur surface. En effet, la lactoferrine induit *in vitro* chez des thymocytes murins immatures CD4⁻CD8⁻ l'expression du marqueur de différenciation CD4⁺caractéristique du phénotype CD4⁺ auxiliaire (Zimecki, Mazurier et al. 1991). D'autre part, les cellules de la lignée lymphoblastique T Jurkat incubées en présence de lactoferrine et de 10% de sérum de veau fœtal, se différencient. De plus, en présence continuelle de lactoferrine à 1%, les cellules T immatures quiescentes prolifèrent et se différencient en cellules T CD4⁺ (Bi, Lefebvre et al. 1997).

Par ailleurs, la lactoferrine est aussi capable d'agir comme un facteur de maturation des lymphocytes B en induisant des changements phénotypiques et fonctionnels. En effet, elle peut stimuler *in vitro* l'expression des fragments Fc-γ (IgG) et Fc-μ (IgM) à la surface des lymphocytes thymiques humains (Gnezditskaya, Bukhova et al. 1987). De même, la lactoferrine présente dans le milieu de culture de cellules lymphocytaires B immatures de souris immunodéficientes ou de souriceaux aboutit à une augmentation du nombre de cellules B portant le récepteur du complément C3, ainsi que celui de lymphocytes B exprimant à leur surface le marqueur IgD (Zimecki, Mazurier et al. 1995). Ces deux paramètres sont caractéristiques des cellules B matures. De plus, l'administration orale de la lactoferrine bovine augmente significativement le nombre des cellules B portant à leur surface des IgA⁺ et des IgM⁺, au niveau de la lamina propria (Wang, Iigo et al. 2000). Par ailleurs, il a été suggéré que la région N-terminale de la lactoferrine humaine contenant le résidu Gly et les caractéristiques fondamentales de la molécule entière, ont contribué à son interaction avec les lymphocytes B (Kawasaki, Sato et al. 2000).

- **Modulation de l'activité cytotoxique des cellules NK**

L'effet de la lactoferrine sur la modulation de l'activité cytotoxique des cellules NK est contradictoire. Des études *in vitro* n'ont révélé aucun effet de la lactoferrine sur les fonctions cytotoxiques non spécifiques de la population lymphocytaire totale (Nishiya and Horwitz 1982; Horwitz, Bakke et al. 1984; McCormick, Markey et al. 1991). Cependant il a été rapporté que la lactoferrine humaine augmentait la cytotoxicité des cellules NK, des cellules LAK (de *lymphokine-activated killer cell*) et des monocytes humains lorsqu'elle est ajoutée aux cellules effectrices et aux cellules cibles tumorales au début des tests de cytotoxicité (Shau, Kim et al. 1992). En revanche, la lactoferrine bovine n'a pas d'effet sur la cytotoxicité des cellules NK induite par des cellules mononuclées de sang bovin contre des cellules cibles adhérentes (Wong, Seow et al. 1997). Ces résultats suggèrent une différence significative de l'activité immunologique entre la lactoferrine humaine et la lactoferrine bovine.

III-2 Les probiotiques

III-2.1 Historique, développement et définition

Le concept de probiotique est issu des travaux de Metchnikoff (Metchnikoff 1907) qui attribuait la longévité des paysans bulgares à leur consommation de yogourt contenant des espèces de *Lactobacillus*. Selon lui, l'ingestion de bactéries vivantes, particulièrement des bactéries lactiques, pouvait réduire les désordres intestinaux, améliorer l'hygiène digestive, et donc augmenter l'espérance de vie.

Le terme probiotique vient de deux mots grecs « pros » et « bios » qui signifient littéralement «pour la vie» contrairement au terme antibiotique signifiant « contre la vie ». L'utilisation de ce terme remonte à 1965 et fait référence à toute substance ou organisme qui contribue à l'équilibre dans l'intestin (Lilly and Stillwell 1965) principalement chez les animaux d'élevage. Depuis, plusieurs définitions ont été données indépendamment de leurs effets sur la santé. Selon Parker, « probiotiques » désignent les microorganismes et les substances qui contribuent au maintien de l'équilibre de la flore intestinale (Parker 1974). Fuller les définis comme étant : « des préparations microbiennes vivantes utilisées comme additif alimentaire et qui ont une action bénéfique sur l'animal hôte en améliorant la digestion et l'hygiène intestinale» (Fuller 1989). Cette définition souligne l'importance de la viabilité des microbes et évite l'utilisation d'un terme trop large (« des substances »), qui pourraient même inclure des antibiotiques. De plus, Fuller a maintenu et renforcé le concept d'une action des probiotiques sur la microflore intestinale. Pour lui, des traitements par probiotiques rétablissent les conditions naturelles qui ont été perturbées par les conditions modernes utilisées pour élever les jeunes animaux ou pour nourrir les enfants. Ces conditions modernes concernent les applications de la thérapie et de la nutrition. Enfin, selon la définition adoptée par le groupe de travail mixte formé par L'Organisation des Nations Unies pour l'Agriculture et l'Alimentation (FAO) et l'Organisation Mondiale pour la Santé (OMS), les « probiotiques » sont des microorganismes vivants qui administrés en quantités adéquates sont bénéfiques pour la santé de l'hôte (FAO/WHO 2001).

III-2.2 Propriétés et critères de sélection des probiotiques

Pour qu'un organisme soit considéré comme étant potentiellement probiotique il doit présenter les caractéristiques suivantes (Salminen, Isolauri et al. 1996; Stanton, Gardiner et al. 2001) :

- être un hôte naturel de l'intestin,

- être capable de persister dans le milieu intestinal,

- adhérer aux cellules épithéliales intestinales et exclure ou réduire l'adhérence des pathogènes,

- avoir un métabolisme actif et produire des substances inhibant les pathogènes (acides, H_2O_2, bactériocines…),

- être non invasif, non carcinogène et non pathogène,

- être capable de co-agréger pour former une flore normale équilibrée,

- survivre aux différents procédés technologiques de production,

- demeurer vivant dans la préparation alimentaire.

Toutefois, certains de ces critères sont maintenant remis en question, comme les propriétés d'adhérence (Melmed, Thomas et al. 2003) et la notion de viabilité. Des études récentes, ont clairement démontré que même les souches non viables de probiotiques sont capables d'exercer certains effets positifs sur la santé entre autres la stimulation de certaines fonctions immunitaires (Mottet and Michetti 2005), l'inhibition de l'adhésion et de l'invasion de certains pathogènes (Ouwehand, Kirjavainen et al. 1999). Ceci laisserait donc envisager une éventuelle redéfinition des probiotiques où les notions d'adhérence et de viabilité seraient à reconsidérer.

III-2.3 Types de micro-organismes

Les principaux microorganismes probiotiques connus à ce jour sont des bactéries (lactobacilles, bifidobactéries, propionibactéries, *Escherichia coli* et entérocoques), et des levures (*Saccharomyces boulardii*), présentes ou non dans la microflore intestinale résidente. Les genres *Lactobacillus*, *Streptococcus* et *Bifidobacterium* qui appartiennent au groupe des bactéries lactiques sont principalement étudiés et utilisés (Vorland, Ulvatne et al.

1998; Kopp-Hoolihan 2001). Les bactéries lactiques sont employées empiriquement depuis des siècles dans la fabrication de nombreux aliments fermentés comme les produits laitiers (yaourts et fromages). L'action de la flore lactique sur la conservation d'un aliment est liée à l'abaissement du pH consécutif à la production d'acide lactique. Les bactéries lactiques peuvent aussi produire de nombreux agents anti-bactériens tels que les bactériocines (Naidu, Bidlack et al. 1999) qui contribuent à inhiber la croissance de flores indésirables. Enfin elles ont une action déterminante sur les qualités organoleptiques des produits fermentés (texture et arôme par exemple) (Drouault and Corthier 2001).

Les lactobacilles sont en général des bâtonnets non flagellés, non sporulés et à Gram-positif (Gomes and Malcata 1999). Plus de 56 espèces de lactobacilles ont été dénombrées, dont 21 ont été trouvées chez l'homme. Leurs principales caractéristiques sont : un métabolisme des sucres homo fermentaire ou hétéro fermentaire, des conditions de croissance anaérobies facultatives, un pourcentage de bases G+C variant de 32 à 55% et une faible variabilité dans la composition des peptidoglycanes. Les principaux lactobacilles ayant des effets bénéfiques sur la santé humaine sont *Lactobacillus rhamnosus* GG, *Lactobacillus johnsonii* La1, *Lactobacillus casei* Shirota, *Lactobacillus acidophilus* NCFM, *Lactobacillus plantarum* 299v et *Lactobacillus casei* DN-114 001. De nombreuses autres souches ont montré des effets intéressants in vitro qui n'ont pas toujours été validés par des études cliniques (Gill 1998).

Les bifidobactéries sont des bâtonnets aux formes variées dont la plus caractéristique est une forme en 'Y'. Les bifidobactéries ne sporulent pas, sont Gram positif, hétéro- fermentaires, anaérobies strictes, avec un pourcentage de bases G+C compris entre 55 et 67%, et dont les compositions en peptidoglycanes sont très variables (Gomes and Malcata 1999). Plus de 30 espèces sont maintenant connues, dont 10 ont été isolées chez l'humain. Les bifidobactéries, ayant des effets probiotiques et utilisées commercialement, sont moins nombreuses que les lactobacilles. La souche la plus étudiée est *Bifidobacterium animalis lactis* Bb12.

III-2.4 Connaissance en génétique

La plupart des études génétiques sur les probiotiques concernent les souches de bactéries lactiques utilisées dans l'industrie laitière. Parmi les souches alimentaires, *Lactococcus lactis* est la bactérie la plus étudiée ; elle est de ce fait considérée comme l'espèce modèle (Drouault and Corthier 2001). Récemment, les génomes des espèces *Lactobacillus acidophilus* NCFM (Altermann, Russell et al. 2005), *Lactobacillus johnsonii* NCC 533 (Pridmore, Berger et al. 2004), *Lactobacillus plantarum* WCFS1 (Kleerebezem, Boekhorst et al. 2003) and *Bifidobacterium longum* (Schell, Karmirantzou et al. 2002) ont été entièrement séquencés.

III-2.5 Persistance et survie des probiotiques dans l'environnement digestif

Il est bien admis que les probiotiques transitent dans le tube digestif sans le coloniser. Néanmoins une colonisation provisoire est toutefois possible. Certaines bactéries lactiques peuvent persister jusqu'à plusieurs semaines. Même si les bactéries lactiques ne font que transiter dans le tube digestif, elles sont capables d'exercer leurs effets et d'avoir ainsi un impact sur l'hôte (Corrieu, Georges et al. 2005).

L'étude de la survie des probiotiques dans le tractus gastro-intestinal est importante pour une meilleure connaissance du devenir des bactéries lactiques ingérées avec l'aliment et une meilleure compréhension de l'action des probiotiques chez l'homme et l'animal. Il est probable que pour exercer un effet probiotique significatif, les bactéries doivent arriver vivantes et en nombre suffisant dans l'intestin (Drouault and Corthier 2001). Dans le tube digestif, les conditions d'environnement sont très différentes du produit contenant des probiotiques. Dans l'estomac, l'acidité peut être très élevée mais une part importante des bactéries lactiques est évacuée avec les premières vidanges gastriques et elles atteignent rapidement l'iléon en une à deux heures après le repas. Dans l'intestin grêle, les sels biliaires, les enzymes pancréatiques et des défensines produites par les cellules de l'intestin grêle peuvent réduire la viabilité des bactéries probiotiques. Dans le côlon, les bactéries se trouvent confrontées à une flore intestinale qui leur est 1 000 à 10 000 fois supérieure en nombre et qui peut avoir des répercussions sur leur viabilité et leur physiologie. Cependant il a été montré que non seulement les probiotiques étaient capables de survivre, mais également qu'ils étaient capables de moduler leur métabolisme pour s'adapter à l'environnement digestif de l'homme (Oozeer, Goupil-Feuillerat et al. 2002).

Le moyen le plus fiable d'étudier le devenir des bactéries ingérées dans le tractus digestif est d'effectuer des mesures in vivo. Pour cela, deux techniques peuvent être utilisées : le recueil des selles et l'intubation intestinale. Ces deux techniques ont déjà permis d'étudier la survie d'un petit nombre de bactéries lactiques, essentiellement des lactobacilles, dans le tractus digestif (Marteau, Pochart et al. 1992).

Plusieurs études sur souris gnotoxéniques (inoculées par un ou plusieurs micro-organismes définis) montrent que les bactéries résidentes ont un effet sur l'hôte dès lors que leur taux dépasse 10^7 bactéries/g de féces.

Cette condition est vraisemblablement valable pour les probiotiques (Gill 1998), et le taux de survie dans le tube digestif (10 à 30% selon les souches) est ainsi un critère important pour avoir un effet (Moreau 2001).

III-2.6 Effets bénéfiques des probiotiques sur la santé

Plusieurs effets bénéfiques sur la santé associés à la consommation des probiotiques ont été documentés et rapportés dans la littérature (Salminen, Isolauri et al. 1996; Ouwehand, Salminen et al. 2002; Tamboli, Caucheteux et al. 2003; Bernardeau, Guguen et al. 2006; Doron and Gorbach 2006; Ljungh and Wadstrom 2006). Les effets bénéfiques potentiels cités sont nombreux et variés selon des souches (Gill, Rutherfurd et al. 2000).

III-2.6.1 L'amélioration de la tolérance du lactose

Beaucoup de gens dans le monde ne sont pas capables de digérer le lactose (Bhatnagar and Aggarwal 2007). Ces personnes peuvent néanmoins consommer du lait fermenté car les bactéries lactiques aident au catabolisme du lactose (Kolars, Levitt et al. 1984; Alvaro, Andrieux et al. 2007; Moller, Bockelmann et al. 2007). Une augmentation de l'activité β-galactosidase après administration du yaourt a également été observé (Garvie, Cole et al. 1984; Montalto, Curigliano et al. 2006; He, Priebe et al. 2007). Plusieurs interprétations de ces effets ont été proposées (Marteau and Seksik 2005):

- Une action de la lactase véhiculée par les probiotiques dans l'intestin
- Une stimulation de la lactase intestinale humaine résiduelle par les probiotiques en transit

94

- Un ralentissement du transit intestinal ou de la vidange gastrique permettant une meilleure digestion du lactose par la lactase humaine résiduelle

- Les bactéries dont la membrane est facilement lysée par les acides biliaires libèrent leur lactase et leur β-galactosidase dans l'intestin

III-2.6.2 Le traitement des infections gastro-intestinales

Des études cliniques ont démontré que des infections gastro-intestinales peuvent être contrecarrées avec succès par l'utilisation de probiotiques. Plusieurs travaux ont bien montré l'existence d'un antagonisme *in vitro* et *in vivo* entre certaines souches probiotiques, *Lactobacillus acidophilus* La5 et de *Bifidobacterium animalis* Bb12 par exemple, et *Helicobacter pylori* (Felley and Michetti 2003; Wang, Li et al. 2004; Hutt, Shchepetova et al. 2006). L'utilisation de probiotiques ou de produits laitiers fermentés a des effets tant curatifs, réduction de la durée des gastro-entérites aiguës, que préventifs contre la diarrhée causée par les rotavirus (Phuapradit, Varavithya et al. 1999; Juntunen, Kirjavainen et al. 2001), ou associée aux antibiotiques comme celle causée par *Clostridium difficile* (Hopkins and Macfarlane 2002; Hutt, Shchepetova et al. 2006), ainsi que la diarrhée du voyageur (Gill 2003) et autres maladies infectieuses (Nikoskelainen, Salminen et al. 2001; Rinkinen, Jalava et al. 2003).

III-2.6.3 Les maladies inflammatoires de l'intestin

La maladie de Crohn, la rectocolite hémorragique et la pouchite sont des affections sévères du tube digestif caractérisées par une inflammation chronique. De nombreux travaux ont permis de découvrir que certains micro-organismes de la flore intestinale pouvaient jouer un rôle délétère pro-inflammatoire au cours des maladies inflammatoires du tube digestif (Glintborg and Nielsen 2004; Marignani, Angeletti et al. 2004; Korzenik and Podolsky 2006). Dans une étude l'ingestion de *Lactobacillus GG* entraîne une amélioration notable de l'état clinique chez des enfants souffrant de la maladie de Crohn (Guandalini 2002). De même des effets cliniques bénéfiques ont été observés chez des patients affectés par une colite ulcéreuse après ingestion de produits fermentés contenant *Lactobacillus GG* à10^{10} bactéries/jour (Gosselink, Schouten et al. 2004). Cependant, les travaux montrant une amélioration des maladies inflammatoire de l'intestin suite à la consommation de probiotiques restent en nombre très limité, et donc aucune conclusion ne peut être proposée dans l'état actuel des connaissances.

III-2.6.4 La diminution du cholestérol sanguin

Il a été rapporté que la consommation de lait fermenté avec *Lactobacillus* diminuait largement le risque de maladie cardiovasculaire chez les habitants Massai en Afrique de l'Est malgré leur alimentation athérogène (Mann 1974). Des diminutions de cholestérol sanguin par l'administration de yaourt ou de lait fermenté avec des bactéries lactiques ont été observées chez le cochon (Mott, Moore et al. 1973), la poule (Tortuero, Brenes et al. 1975), l'homme (Hepner, Fried et al. 1979; Taranto, Medici et al. 1998), le lapin (Thakur and Jha 1981) et le rat (Grunewald 1982). L'administration de *Lactobacillus reuteri* CRL 1098 (10^4/jour) aux souris hypercholestérolémiques pendant 7 jours a diminué la concentration en cholestérol sanguin total de 38%. Cette dernière devenant équivalente à la concentration des souris témoins (67.4 mg/ml) (Taranto, Medici et al. 1998). Cette dose faible de *L. reuteri* a introduit une réduction de 40% des triglycérides et une augmentation de 20% sur le ratio de HDL_{ch}/LDL_{ch} sans translocation de bactéries de la microflore naïve vers la rate ou vers le foie. Les auteurs ont conclu que l'administration de probiotiques contribuait à la normalisation du cholestérol sanguin.

Cependant cet effet n'est pas toujours observé (Kiessling, Schneider et al. 2002; Simons, Amansec et al. 2006). Par exemple, des études dans lesquelles on fait consommer *Lactobacillus acidophilus* L1 à des hommes hypercholestérolémiques concluent à une faible réduction (3%) en LDLch et aucune modification significative de cholestérol total, du HDLch ou du niveau de triglycérides sanguins (Anderson and Gilliland 1999). Dans une autre étude sur 17 jeunes femmes normocholestérolémiques, la consommation de yaourt contenant des probiotiques (100 g/jour) a augmenté significativement le HDLch et non pas le LDLch (Fabian and Elmadfa 2006). Il faut cependant noter que les souches utilisées dans ces études sont différentes.

III-2.6.5 La stimulation du système immunitaire

Il y a un dialogue actif entre les microorganismes commensaux et le système immunitaire de l'hôte (Macpherson and Harris. 2004). Les bactéries probiotiques peuvent renforcer l'immunité systématique et l'immunité des muqueuses (Zinkernagel and Hengartner 1997; Galdeano and Perdigon 2004), elles peuvent introduirent des réponses spécifiques et non spécifiques (Vitini, Alvarez et al. 2000).

La propriété la plus renforcée par des microorganismes probiotiques, ou par les laits fermentés est l'augmentation du nombre des cellules capables de produire des IgA (Perdigon, Fuller et al. 2001). Des nombreuses bactéries ayant cet effet ont été mis en évidence, comme *L. acidophilus*, *L. bulgaricus*, *L. casei*, *L. rhamnosus*, *L. plantarum*, *S. thermophilus* et *Lactococcus lactis* (Vitini, Alvarez et al. 2000; Perdigon, Fuller et al. 2001). Des cellules B IgA$^+$ initiées dans les PP circulent vers les MLN avant d'entrer dans la circulation sanguine puis retourner dans la muqueuse intestinale sous forme de plasmocytes. Cette circulation peut être augmentée par des probiotiques (de Moreno de LeBlanc, C. Maldonado Galdeano et al. 2005). Tandis que les IgA sécrétoires exercent leur fonction dans la lumière intestinale comme la première ligne de défense en limitant l'invasion de pathogènes, les IgA sériques peuvent à leur tour être engagées dans des réponses inflammatoires après des atteintes de la perméabilité de la muqueuse intestinale (Otten and van Egmond 2004). Une réponse IgA indépendante des cellules T a été démontrée : le facteur de croissance transformant ß (TGF-ß), l'interleukin-4 (IL-4), l'IL-2, l'IL-6 et l'IL-10 agissent d'une façon synergique avec d'autres cellules immunitaires distinctes des cellules T et peuvent promouvoir la commutation IgM/IgA (switch d'IgM à IgA) (Galdeano, de Moreno de LeBlanc et al. 2007). La consommation de bactéries probiotiques viables peut représenter une voie de stimulation d'activité phagocytaire des macrophages (Perdigon, de Macias et al. 1986; Hatcher and Lambrecht 1993; Gill, Rutherfurd et al. 2000). Il a été montré que certaines souches de probiotiques peuvent adhérer à la muqueuse intestinale et stimuler ainsi les cellules phagocytaires (Schiffrin, Brassart et al. 1997). Schiffrin *et al.* (1995) ont montré une augmentation de l'activité phagocytaire globale contre *E. coli* dans le sang périphérique chez l'homme lors de la consommation de lait fermenté supplémenté en *B. animalis* souche Bb12 (Schiffrin, Rochat et al. 1995). Chez des souris nourries avec *Lactobacillus rhamnosus* (HN001),

Lactobacillus acidophilus (HN017) et *Bifidobacterium lactis* (HN019) à 10^9 UFC/jour, une augmentation de la fonction phagocytaire dans le sang périphérique est devenue significative après 10 jours d'alimentation, et a été maintenue à un niveau semblable pendant toute la période d'alimentation (Gill, Rutherfurd et al. 2000). Une activation des macrophages péritonéaux a également été démontrée chez la souris suite à la consommation de fromages enrichis en *Lactobacillus sp.* et en *Bifidobacterium animalis* Bb12, se traduisant par une augmentation de leur activité phagocytaire (Medici M., C.G. et al. 2004). La plupart des études réalisées sur ce sujet ayant été effectuées sur le sang, à notre connaissance, aucune étude n'a été réalisée sur l'activité des splénocytes et des cellules des PP. Les activités des cellules NK peuvent aussi être affectées par la consommation des probiotiques viables. Il a été observé une augmentations de l'activité NK chez des souris immunisées avec *L. casei* (Kato, Yokokawa et al. 1981). Des résultats similaires sur des souris nourries avec du yaourt contenant des probiotiques vivants ont été publiés (De Simone, Bianchi Salvadori et al. 1986). Cependant, il n'a pas été clairement établi si l'augmentation de l'activité NK est due à une augmentation du pourcentage de cellules NK (De Simone, Rosati et al. 1991) ou à leur renforcement fonctionnel au niveau cellulaire. Certains auteurs avancent une contribution des métabolites produits au cours de la fermentation par les probiotiques (Kitazawa, Itoh et al. 1996; Broadbent, McMahon et al. 2003). Une augmentation des activités NK a été rapportée chez des souris auxquelles ont été administrés des polysaccharides extracellulaires (PSE), ou des métabolites de certaines souches probiotiques (Makino, Ikegami et al. 2006). Les auteurs suggèrent que des PSE sont pris en charge par les PP dans l'intestin où ils stimulent des cellules présentatrices d'antigènes (CPA), comme les cellules dendritiques. Cela aboutirait au renforcement sélectif de

Souches	Producteur	Produits	Effets observés chez l'humain	Références
Lactobacillus rhamnosus GG	Valio Dairy (Finlande)	Yaourts à boire, Yaourts, Capsules	Prévention des allergies, Traitement des allergies, Stimulation de la production d'IL-10, Diminution de l'incidence des diarrhées, Diminution des diarrhées à rotavirus	Kalliomäki et al., 2001; Rautava et al., 2002; Majama et al., 1997; Isolauri et al., 2000; Pessi et al., 2000; Vanderhoof et al., 1999; Majama et al., 1995
Lactobacillus johnsonii La1 (Li1)	Nestlé (Suisse)	Yaourts à boire, Yaourts	Inhibition du développement de *helicobacter pylori*, Stimulation de l'activité phagocytaire	Michetti et al., 1999; Schiffrin et al., 1997
Lactobacillus casei Shirota	Yakult (Japon)	Yaourts à boire, Laits fermentés	Augmentation de l'activité des cellules NK, Diminution des diarrhées à rotavirus	Nagao et al., 2000; Marteau et al., 2001
Lactobacillus acidophilus NCFM	Rhodia (États-Unis)	Laits fermentés, Yaourts, Formules infantiles, Capsules	Diminution des diarrhées infantiles, Facilite la digestion du lactose	Sanders et Klaenhammer 2001; Sanders et Klaenhammer 2001
Lactobacillus plantarum 299w	ProViva (Suède)	Jus de fruits	Prévention des maladies cardiovasculaires	Naruszewicz et al., 2002
Lactobacillus casei DN-114 001	Danone (France)	Yaourts à boire	Stimulation de la production d'IgA, Diminution de l'incidence des diarrhées	Faure et al., 2001; Pedone et al., 2000
Bifidobacterium lactis Bb12	Chr Hansen (États-Unis)	Formules infantiles	Stimulation de la production d'IgA, Diminution de l'eczéma atopique, Stimulation de l'activité phagocytaire, Stimulation de la croissance des bébés, Modulation de la composition de la flore, Prévention des diarrhées à rotavirus	Fukushima et al., 1998; Isolauri et al., 2000; Schiffrin et al., 1997; Nopchinda et al., 2002; Kirjavainen et al., 2002; Saavedra et al., 1994
VSL#3 (mélange de 7 souches) *L. casei; L. plantarum; L. acidophilus; L. bulgaricus; B. longus; B. breve; B. infantis; S. thermophilus*	CSL (Italie)	Capsules	Prévention de la pouchite, Prévention des rechutes de pouchite	Gionchetti et al., 2003; Gionchetti et al., 2000

Tableau 5 : Effets bénéfiques sur la santé humaine de quelques souches probiotiques commerciales (Adapté de Prioult 2003).

la voie Th1 et à la production de cytokines, comme IL-2 et IFN-γ qui sont essentielles pour des réponses cellulaires (Mossmann and Coffman. 1989).

Le **tableau 5** présente des effets bénéfiques sur la santé humaine de quelques souches probiotiques commerciales.

III-3 Les sphingolipides

Les sphingolipides constituent une famille majeure de lipides membranaires. Ils jouent des rôles divers dans les processus biologiques (Smaby, Brockman et al. 1994). Le terme « sphingosine » a été proposé pour la premiere fois par J. L. W. Thudichum dans les années 1870 pour nommer la présence de lipides possédant des propriétés nouvelles dans des extraits cérébraux (Thudichum 1876). Les sphingolipides sont présents dans de nombreux aliments dont les oeufs, le lait, la viande, le poisson ou le soja, mais en faible quantité (Vesper, Schmelz et al. 1999). On les retrouve au niveau des membranes cellulaires, des lipoprotéines (particulièrement LDL) et d'autres structures riches en lipides (Merrill, Schmelz et al. 1997; Vesper, Schmelz et al. 1999).

Les sphingolipides d'origine alimentaire n'apparaissent pas nécessaires pour la croissance ou la survie de l'homme. Néanmoins, tant les sphingolipides complexes que leurs produits de digestion (les céramides et les sphingosines) sont des composés fortement bioactifs qui exercent des effets sur la croissance, la différentiation, l'apoptose et d'autres fonctions cellulaires (Gomez-Munoz, Kong et al. 2004).

III-3.1 Structure des sphingolipides

Plus de mille sphingolipides naturels ont été identifiés (Zheng, Kollmeyer et al. 2006). La strucure de base d'un sphingolipide comprend la sphingosine (2S, 3R, 4E)-2-amino-4-octadécène-1,3-diol, (figure 9). Il s'agit d'un amidodiol possédant une double liaison (éthylénique). C'est un alcool qui possède 18 carbones, deux groupements OH, un groupement amine NH2. C'est sur la fonction amine que viennent se fixer les acides gras via une liaison amide. Les groupements OH auront leurs propres substitutions. Selon les substitutions, nous aurons des sphingolipides différents qui varient considérablement avec le type de nourriture (Vesper, Schmelz et al. 1999). Parmi ceux-ci, l'ester phosphate de la sphingosine en C1-est une molécule importante, généralement appelée sphingosine-1-phosphate (S1P). Un autre composant principal des sphingolipides est la céramide qui est la N-acylsphingosine. La phosphorylation en C1 forme, le ceramide-1-phosphate (C1P), présent dans des membranes cellulaires (Goni and Alonso 2006).

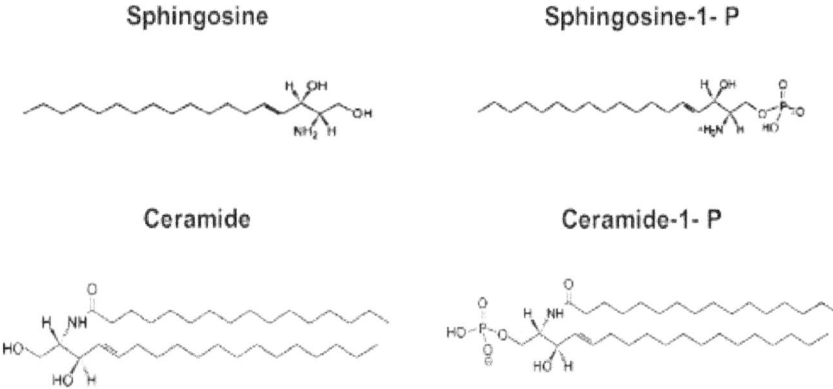

Figure 9 : Structure moléculaire des sphinoglipides simples (Adapté de Goni and Alonso, 2006).

III-3.2 Le métabolisme des sphingolipides

Les sphingolipides sont hydrolysés dans le tube digestif et donnent naissance aux métabolites de base : céramides et sphingosines (Sweeney, Inokuchi et al. 1998). Toutes les cellules sont capables de synthétiser (anabolisme) et de dégrader (catabolisme) les sphingolipides. Le céramide et la sphingosine sont les précurseurs des sphingolipides complexes (Zeidan and Hannun 2007).

La synthèse *de novo* des céramides commence par la condensation de la serine et du Palmitoyl-CoA, menant finalement à la formation de céramide sur la surface cytosolique du réticulum endoplasmique (EUH) (Hanada, Kumagai et al. 2003). Ceci est suivi par le transport du céramide à l'appareil de Golgi par des transporteurs vésiculaire ou non-vésiculaires, ces derniers étaint des protéines récemment identifiées, CERT (Hanada, Kumagai et al. 2003). Le Golgi est le site majeur pour la biosynthèse des complexes sphingolipides comme le glucosylcéramide (GlcCer) ou la sphingomyeline (SM). Ces sphingolipides nouvellement synthétisés sont ensuite transportés dans la membrane cellulaire par le transporteur vésiculaire (van Helvoort, Giudici et al. 1997).

En revanche, le catabolisme des sphingolipides a principalement lieu dans les lysosomes et dans une moindre mesure dans la membrane cellulaire (Kolter and Sandhoff 2005). Selon les sphingolipides, ceux-ci peuvent rejoindre les lysosomes via des vésicules dépendantes ou non de la clathrine (Marks and Pagano 2002). Actuellement, de nouveaux mécanismes cellulaires concernant les sphingolipides sont précisés : métabolisme, transcription, la localisation, l'activation, l'inactivation et la dégradation.

III-3.3 Les fonctions biologiques des sphingolipides

En plus de leur rôle structurel dans les membranes, il est reconnu un rôle de second messager pour les sphingolipides Ce rôle leur permet de contrôler des facteurs de croissance, des cytokines, des facteurs de différentiation et un nombre croissant de molécules dont des toxines (Kolesnick and Kronke 1998).

III-3.3.1 Sphingolipides et signalisation cellulaire

Aujourd'hui on sait que les sphingolipides contribuent aux processus de signalisation cellulaire par au moins trois types d'actions différents (Prieschl and Baumruker 2000; Baumruker and Prieschl 2002) :

1. Certains types de cellules comme les plaquettes, les phagocytes mononucléaires et des macrophages produisent des sphingolipides qui se lient avec des récepteurs couplés aux protéines G. Ils modulent ainsi les réponses de ces protéines.

2. Des sphingolipides, proches structurellement des phosphoinositides, fonctionnent comme des deuxièmes messagers intracellulaires.

3. Des sphingolipides glycosylés constituent les composants structuraux spécifiques des 'rafts' (ou SEMs, de *sphingolipids-enriched microdomains*) qui sont des structures membranaires liées à des récepteurs et qui sont donc impliqués dans l'initiation des cascades de signalisation.

III-3.3.2 Sphingolipides et bactéries pathogènes

Beaucoup de micro-organismes, de toxines microbiennes et de virus adhérent aux cellules par l'intermédiaire des sphingolipides (Keusch,

Jacewicz et al. 1995; Bast, Brunton et al. 1997) (Blomberg, Krivan et al. 1993; Epand, Nir et al. 1995; Matrosovich, Miller-Podraza et al. 1996; Fantini, Hammache et al. 1997). Les microdomaines enrichis en sphingolipides (ou rafts) sont proposés comme des sous-structures spécifiques des membranes biologiques et jouent un rôle principal dans les liaisons entre les micro-organismes et les cellules des mammifères (Hanada 2005).

Différents virus, bactéries et parasites peuvent induire des changements dans la structure et/ou la composition des SEMs avant d'entrer ou d'envahir les cellules épithéliales. Pour cela, ils provoquent la translocation de la sphingomyèlinase acide des endolysomes vers la surface de la cellule de l'hôte par un mécanisme inconnu (Zeidan and Hannun 2007). Le résultat est la formation de domaines riches en céramides qui joueraient un rôle important dans l'internalisation microbienne. Ainsi, des récepteurs des certains microbes pathogènes (tels que la GalNAc-glycoprotéine pour *Cryptosporidium parvum* ou le récepteur CEACAM pour *Neisseria gonorrhoeae*) ont été observés enrichis en SEMs céramides et considérés comme des portes d'entrée microbiennes (Grassme, Gulbins et al. 1997; Nelson, O'Hara et al. 2006). De même, les virus tels que HIV et les rhinovirus semblent utiliser les SEMs riches en céramides pour envahir les cellules épithéliales et pour secondairement utiliser la machinerie cellulaire de l'hôte pour survivre, se répliquer et finalement infecter les cellules voisines (Liu, Lossinsky et al. 2002; Popik, Alce et al. 2002; Grassme, Riehle et al. 2005). De plus, certains microorganismes pathogènes sont capables de moduler les enzymes du métabolisme des sphingolipides après l'étape d'internalisation (Thompson, Iyer et al. 2005).

Les sphingolipides synthétiques sont efficaces pour inhiber la liaison des bactéries et des virus aux récepteurs (Fantini, Hammache et al. 1997). Il est proposé que les sphingolipides alimentaires puissent également jouer ce rôle et ainsi faciliter l'élimination des organismes pathogènes de l'intestin. Les glycosphingolipides sont également des constituants du lait humain qui confèrent une protection contre des micro-organismes pathogènes (Newburg and Chaturvedi 1992).

III-3.3.3 Sphingolipides et cholestérol

La sphingomyéline peut s'associer avec le cholestérol dans les SEMs recouverts de clathrine ou cavéoles (Harder and Simons 1997) qui sont enrichis en récepteurs et transporteurs membranaires. Le manque de sphingomyélines ou de cholestérol perturbe ces microdomaines et les fonctions des protéines liées à ces microdomaines. Par exemple, la perte du transport de l'acide folique a été observée dans les cellules Caco-2 traitées avec des inhibiteurs de biosynthèse de cholestérol ou de sphingolipides (Stevens and Tang 1997).

Il a été montré que les sphingolipides de l'alimentation abaissent les niveaux du cholestérol sanguin chez les rats (Kobayashi, Shimizugawa et al. 1997). En culture cellulaire de lignées Caco-2 et HT-29-D4, la sphingosine peut s'associer au cholestérol pour former les complexes condensés qui bloquent le transport du cholestérol (Garmy, Taieb et al. 2005). Un autre travail a également montré que les sphingomyélines affectaient la liaison et l'utilisation des LDL par des fibroblastes humains normaux cultivés (Chatterjee 1993).

Ainsi, les sphingolipides affectent le transport et le métabolisme du cholestérol de diverses manières telles que : le flux de cholestérol cellulaire

(Jian, de la Llera-Moya et al. 1997) ; la conversion du cholestérol en acides biliaires ou l'estérification du cholestérol (Bolin and Jonas 1996).

III-3.3.4 Effets des sphingolipides sur la carcinogenèse

Il a été signalé que les sphingolipides alimentaires pourraient être une classe importante des modulateurs de la carcinogenèse (Dillehay, Webb et al. 1994; Ogretmen and Hannun 2004). La capacité de cette classe des molécules à intervenir dans les processus cellulaires de base, tels que la prolifération, l'apoptose, la transformation, la différentiation ou la motilité, a fourni des stratégies thérapeutiques originales basées sur l'effet de molécules imitant ou s'opposant aux sphingolipides (Zeidan and Hannun 2007).

Les céramides sont ainsi identifiés comme des lipides à potentialité anti-tumorale (Radin 2003; Futerman and Hannun 2004) en induisant l'apoptose dans divers types de cancer (Radin 2003; Segui, Andrieu-Abadie et al. 2006). Dans une étude sur des patientes atteintes de cancer du sein, un mélange contenant les céramides à 1% de chaînes courtes (C2 et C6) a été administré. Une amélioration significative a été observée dans 4% des cas sans effet secondaire (Jatoi, Suman et al. 2003).

Cependant, les faibles stabilité et solubilité des sphingolipides nuisent à la disponibilité biologique de ces composés quand ils sont administrés *in vivo* (Zeidan and Hannun 2007). Différentes approches ont été proposées pour surmonter ce problème comme l'utilisation de liposomes (Stover and Kester 2003), d'augmentation de la solubilité et de la perméabilité des céramides en les transformant en pyridinium céramides (Ogretmen and Hannun 2004) ou comme la modification du métabolisme des sphingolipides en inhibant certaines enzymes comme les céramidases

(Raisova, Goltz et al. 2002) ou les sphingosine kinases (SK) (Johnson, Johnson et al. 2005).

III-3.3.5 Sphingolipides et réactions inflammatoires

Le S1P et le C1P ont des effets pleïotropes sur la cascade inflammatoire (Chalfant and Spiegel 2005). La coordination de la production de S1P et de C1P par leurs kinases respectives, la SK et la CK, est essentielle pour la production des médiateurs inflammatoires telles que les prostaglandines (Chalfant and Spiegel 2005; Pettus, Kitatani et al. 2005). Ils peuvent influencer la cascade inflammatoire en favorisant la survie des macrophages et en régulant la production de cytokines (Gomez-Munoz, Kong et al. 2003; Gomez-Munoz, Kong et al. 2004). La dégranulation des mastocytes/basophiles est une étape critique dans des réponses allergiques qui exige la production de S1P et de C1P via le FcεR avec les IgE (Mitsutake, Kim et al. 2004).

Le S1P est un mitogène efficace et un inhibiteur d'apoptose (Goetzl, Kong et al. 1999), tandis que la sphingosine et le céramide inhibent la croissance et/ou induisent l'apoptose (Cuvillier, Pirianov et al. 1996; Cuvillier, Edsall et al. 2000). Les sphingosines mais pas les céramides, inhibent spécifiquement la prolifération de lymphocytes Th2, alors que les lymphocytes Th1 ne sont pas affectés (Baumruker and Prieschl 2002). Dans un modèle de souris sensibilisées, les sphingosines à une concentration de 3 et 10 μM ont supprimé la synthèse d'ADN des cellules Th2 spécifiques de l'antigène, sans affecter les cellules Th1 (Tokura, Wakita et al. 1996).

MATERIEL ET METHODES

I Animaux et aliments

I-1 Animaux

Les expériences sont réalisées sur 80 souris consanguines de souche BALB/c fournies par le centre d'élevage Harlan (Gannat, France). Ce sont des souris mâles âgées de 6 semaines au moment de la réception, acclimatées avant toute manipulation pendant une semaine sur le lieu de l'expérimentation. Les souris sont réparties aléatoirement en 8 groupes de 10 souris chacun. Chaque souris est identifiée. Chaque groupe est soumis à un régime différent pendant 6 semaines.

I-2 Condition d'élevage

Les animaux sont hébergés dans une pièce convenablement aérée, à température contrôlée ($22\pm1°C$), humidité relative ($50\pm20\%$), ventilée. Elles sont logées dans des cages en acier inoxydable, dont les dimensions et la structure répondent aux recommandations de la Commission Nationale de l'Expérimentation Animale, et soumises à un cycle de 12 heures de lumière suivies de 12 heures d'obscurité. L'eau et la nourriture sont disponibles *ad libitum*. La nourriture est renouvelée tous les jours, la boisson est renouvelée chaque semaine.

	Composition
Céréales, son et rémoulage	83.9 %
Protéines (tourteaux de soja, levure	8 %
Mélange vitaminique et minéral	4.1 %
Protéines animales (poisson)	4 %

	Analyse moyenne pour 100g
Valeur énergétique	290 kcal – 1227 kJ
Protéines	16.1 g
Glucides	60 g
dont sucre	2 g
Lipides	3.1 g

Tableau 6 : Composition des granules.

I-3 Régimes

Toutes les souris sont nourries avec des granules dont la composition est donnée dans le **tableau 6** pendant une semaine pour l'acclimatation. Les souris témoins reçoivent durant 6 semaines un régime de base préparé par le laboratoire de Préparation des Aliments Expérimentaux (UPAE, INRA, UE300, Jouy en Josas), les autres groupes ont eu le même régime de base supplémenté par des préparations industrielles (ArmorProtéines et Corman) :

	Préparation Jouy		R1 95% Jouy +5% TMO		R5 86%Jouy +5%TMO +SM3 9%	
	grammes	%	grammes	%	grammes	%
prot soja	150	15,8	142,5	15	132	13,5
lactoglobuline			34	3,6	34	3,5
Lf						
autres protéines			9,7	1	49,8	5,1
Sphingolipides					5,9	0,6
Total protéines			186,3	19,6	215,8	22,1
Reste compléments			6,3	0,7	50,4	5,2
amidon	570,8	60,1	542,3	56,9	502,3	51,5
Saccharose	91,9	9,7	87,3	9,2	80,9	8,3
huile soja	40	4,2	38	4	35,2	3,6
Sels Minéraux	35	3,7	33,3	3,5	30,8	3,2
Vitamines	10	1,1	9,5	1	8,8	0,9
cellulose	50	5,3	47,5	5	44	4,5
choline	2,3	0,2	2,2	0,2	2	0,2
total	950	100	952,5	100	976	100
BB12						
NCFM						

	R7 95%Jouy +5%TMO + Lf 1%		R8 86%Jouy +5%TMO +SM3 9% +Lf1%		R2 95%Jouy +5%TMO +BB12+NCFM	
	grammes	%	grammes	%	grammes	%
prot soja	142,5	14,8	132	13,4	142,5	15
lactoglobuline	34	3,5	34	3,5	34	3,6
Lf	9,7	1	9,7	1		
autres protéines	9,7	1	49,8	5	9,7	1
Sphingolipides			5,9	0,6		
Total protéines	195,9	20,4	225,5	22,9	186,3	19,6
Reste compléments	6,6	0,7	50,7	5,1	6,3	0,7
amidon	542,3	56,3	502,3	50,9	542,3	56,9

Saccharose	87,3	9,1	80,9	8,2	87,3	9,2
huile soja	38	3,9	35,2	3,6	38	4
Sels Minéraux	33,3	3,5	30,8	3,1	33,3	3,5
Vitamines	9,5	1	8,8	0,9	9,5	1
cellulose	47,5	4,9	44	4,5	47,5	5
choline	2,2	0,2	2	0,2	2,2	0,2
total	962,5	100	986	100	952,5	100
BB12					oui	oui
NCFM					oui	oui

	R3		R4		R6	
	77%Jouy +5%TMO +SM3 18,2%		77%Jouy +5%TMO +SM3 18,2% +BB12+NCFM		86%Jouy +5%TMO +SM3 11% +BB12+NCFM	
	grammes	%	grammes	%	grammes	%
prot soja	115,2	12	115,2	12	132	13,5
lactoglobuline	34	3,5	34	3,5	34	3,5
Lf						
autres protéines	90,7	9,4	90,7	9,4	49,8	5,1
Sphingolipides	10	1	10	1	5,9	0,6
Total protéines	239,9	25	239,9	25	215,8	22,1
Reste compléments	97,3	10,1	97,3	10,1	50,7	5,2
amidon	438,4	45,6	438,4	45,6	502,3	51,4
Saccharose	70,6	7,3	70,6	7,3	80,9	8,3
huile soja	30,7	3,2	30,7	3,2	35,2	3,6
Sels Minéraux	26,9	2,8	26,9	2,8	30,8	3,2
Vitamines	7,7	0,8	7,7	0,8	8,8	0,9
cellulose	38,4	4	38,4	4	44	4,5
choline	1,8	0,2	1,8	0,2	2	0,2
total	962	100	961,6	100	976	100
BB12			oui	oui	oui	oui
NCFM			oui	oui	oui	oui

Tableau 7 : Composition des régimes expérimentaux utilisés dans le protocole décrit.

Le TMO203 SPEC70FrNR (Annexe 1) qui contient 68% de β-lactoglobuline (tous les groupes) ;

- Un mélange de probiotiques (R2, R4, et R6) ;
- Du SM3 (fraction lactique enrichie en sphingolipides, Annexe 1) pour les régimes R3, R5, R6 et R8 ;
- De la lactoferrine bovine (Annexe 1) pour les régimes R7 et R8.

Les bactéries probiotiques utilisées dans ce travail sont *Bifidobacterium animalis* Bb12 (nu-trish®, CHR HANSEM, Denmark) et *Lactobacillus acidophilus* NCFM® (FloraFitTM, Rhodia, France). Leurs concentrations dans les préparations sont respectivement de 10^8 UFC/g et 10^9 UFC/g.

Le **tableau 7** décrit les différents régimes.

I-4 Suivi des animaux

Des prélèvements de fèces sont réalisés en début (J0) et en fin d'expérience après 42 jours de régime pour les analyses bactériologiques. Des prélèvements sanguins et de fèces sont également réalisés à J0, J14, J28 et J42 pour le dosage d'anticorps totaux et la recherche d'anticorps spécifiques. En fin d'expérience (J42) les animaux sont sacrifiés afin de recueillir les organes lymphoïdes secondaires.

II Analyses bactériologiques

II-1 Milieux pour le dénombrement des lactobacilles

Deux types de milieux sont utilisés pour le dénombrement des lactobacilles présents dans les fèces:

- **Milieu ROGOSA**

Généralement utilisé pour l'isolement et le dénombrement des lactobacilles des flores buccale et intestinale, ainsi que dans la viande, le lait et différentes denrées alimentaires. La composition de ce milieu est présentée en **Annexe 2**. La croissance de la flore secondaire indésirable est largement freinée par la forte concentration en acétate et par le pH acide. Les concentrations définies en Mg, Mn et Fe assurent une croissance optimale des lactobacilles.

- **Milieu MRS acidifié**

Milieu Man, Rogosa, Sharpe, dont la composition est présentée en **Annexe 2**. Il s'agit d'un milieu nutritif destiné à l'enrichissement, à la culture et l'isolement de toutes les espèces de lactobacilles, dans toutes sortes de produits. Contrairement aux milieux nutritifs plus anciens sur lesquels certains lactobacilles ne se développaient qu'insuffisamment, les milieux nutritifs MRS présentent l'avantage d'assurer les conditions de croissance favorables à toutes les souches, y compris, par exemple, aux souches les plus exigeantes, difficilement cultivables et se développant lentement. Ce milieu est constitué de polysorbate, d'acétate, de Mg et Mn, substances connues pour être des facteurs de croissance spéciaux pour les lactobacilles. Ce milieu est ajusté à un pH 5,2 par ajout d'acide acétique. Son pH faible et une incubation à 43°C rend le milieu plus sélectif de *Lactobacillus rhamnosus* et *Lactobacillus acidophilus* (Tharmaraj and Shah 2003).

II-2 Milieu pour le dénombrement des bifidobactéries

Les bifidobactéries sont détectées par l'utilisation du milieu Wilkins-Chalgren modifié (MW) (Rada and Petr 2000). La sélectivité est due à la présence de mupirocine, antibiotique auquel les bifidobactéries sont résistantes et de nombreux lactobacilles sensibles (Rada 1997). L'acide acétique est le second agent sélectif des bactéries à gram positif anaérobies. Ce milieu a déjà été utilisé pour l'isolement et la numération des bifidobactéries dans les de lapin et de volailles (Rada, Sirotek et al. 1999). La composition de ce milieu est présentée en Annexe 2.

II-3 Méthode de dénombrement des bactéries

Des dilutions décimales des fèces sont effectuées en milieu LCY (Annexe 2). Elles sont délicatement homogénéisées afin d'éviter la dissolution d'oxygène, puis diluées en série.

Cent microlitres de chaque dilution sont étalés sur chacun des milieux de culture, à raison de 2 boîtes par dilution. Les boîtes de Pétri ensemencées sont incubées dans des jarres, en anaérobiose créée par des systèmes Gaspack® H_2-CO_2 (Becton Dickinson and company).

Les milieux MRS acidifié et ROGOSA pour lactobacilles sont ensuite incubés 48 heures à 43°C, les étalements sur Wilkins-Chalgren modifié (MW) sont incubés 72 heures à 37°C pour la détection des bifidobactéries.

Après incubation, les colonies sont dénombrées sur les boîtes présentant entre 30 et 300 colonies. Après avoir réalisé une moyenne arithmétique pour chaque milieu de culture, les résultats sont rapportés au nombre d'unités formant colonies par gramme de fèces (UFC/g).

II-4 Méthode de confirmation des genres *Lactobacillus* et *Bifidobacterium*

Lorsque les dénombrements ont été effectués, on sélectionne 50 clones (lorsque cela est possible) sur chaque milieu de culture pour confirmer leur appartenance au genre *Lactobacillus* ou *Bifidobacterium*. Les clones doivent provenir de la même souris, et de la même boîte de Pétri, afin d'avoir un échantillon représentatif. Les colonies sont suspendues dans 10 µl d'eau distillée stérile. Cette suspension est ensuite déposée en splot sur des cartes FTA (Whatman) qui permet d'en extraire et de conserver l'ADN. La carte est séchée 1 à 2h dans une étuve à 43°C. Lorsque ces ADN doivent être utilisés, des pastilles sont alors découpées sur ce papier grâce à un emporte-pièce mis à disposition par le fournisseur de filtre FTA. Ces pastilles sont ensuite lavées plusieurs fois (1 lavage avec 200 µL de tampon FTA, puis 2 lavages avec 200µL d'eau distillée stérile) et séchées dans une étuve à 43°C. Une fois sèches, ces pastilles peuvent servir pour une étape de PCR.

II-4.1. PCR spécifique du genre *Lactobacillus*

Ce test a été effectué selon la méthode décrite par (Jackson, Bird et al. 2002). Les séquences des amorces utilisées sont présentées dans le **tableau 8a**. La taille du fragment est 250 paires de bases. La composition du milieu réactionnel de PCR est présentée dans le **tableau 8b**. Conditions de la PCR : 1 cycle initial de 4 min à 94°C ; 38 cycles (1 min à 94°C, 1 min à 60°C, 1 min à 72°C) et 1 cycle final de 4 min à 72°C.

AMORCES	SEQUENCE
LACTOF	5'- TGGAAACAGGTGCTAATACCG - 3'
LACTOR	5'- CCATTGTGGAAGATTCCC- 3'

Tableau 8a : Les séquences des amorces utilisées pour identifier le genre Lactobacillus.

Composé	Volume
ADN	1 µL
Amorce upper (10 µM)	5 µL
Amorce lower (10 µM)	5 µL
Taq polymérase (PE)	0,1 µL
DNTP	0,5 µL d'une sol. à 10 µg/µL
Tampon (10X) (PE)	2,5 µL
Solution MgCl$_2$ à 25 mM	1,5 µL
Eau	Qsp 25 µL

Tableau 8b : Composition du milieu réactionnel de PCR pour identifier le genre Lactobacillus.

II-4.2. PCR spécifique du genre *Bifidobacterium*

Les séquences des amorces utilisées sont présentées dans le **tableau 9a**. La taille du fragment est 549-563 paires de base. La composition du milieu réactionnel de la PCR est présentée dans le **tableau 9b**. Conditions de la PCR : 1 cycle initial de 5 min à 94°C ; 40 cycles de (20 sec à 94°C, 20 sec à 55°C, 30 sec à 72°C) et 1 cycle final de 5 min à 72°C.

AMORCES	SEQUENCE
BIFIDF	5'- CTCCTGGAAACGGGTGG- 3'
BIFIDR	5'- GGTGTTCTTCCCGATATCTACA- 3'

Tableau 9a : Les séquences des amorces utilisées pour identifier le genre Bifidobacterium.

Composé	Volume
ADN	1 µL
Amorce upper (10 µM)	0,625 µL
Amorce lower (10 µM)	0,625 µL
Taq polymérase (PE)	0,1 µL
DNTP	0,5 µL d'une sol. à 10 µg/µL
Tampon (10X) (PE)	2,5 µL
Solution $MgCl_2$ 25 mM	0,75 µL
Eau	Qsp 25 µL

Tableau 9b : Composition du milieu réactionnel de PCR pour identifier le genre Bifidobacterium.

III Réponses immunitaires humorale et cellulaire intestinale et périphérique

III-1 Prélèvement des organes, sang et fèces

III-1.1 Prélèvement de la rate

Les souris sont euthanasiées après 6 semaines de régime. La rate est prélevée stérilement et dilacérée sur un filtre Cell Strainer 70 µm (BD Dickinson). Les cellules sont recueillies en milieu RPMI incomplet (glutamax1 + 1% gentamicine) et centrifugées (240g, 10 min). Le culot cellulaire est repris avec une solution de lyse stérile ACK (10 mL chlorure d'ammonium 0,84 % + NaHCO$_3$ 1mM + Na$_2$EDTA 0,1mM pH 7.2) pendant 5 min à 4°C afin de lyser les hématies. Après deux lavages avec du milieu RPMI incomplet et centrifugation (240g, 10 min) les cellules de la rate sont mises en suspension dans du RPMI complet (RPMI avec 2% glutamine, 1% gentamicine, 10% SVF et 1% β-mercaptoethanol) et dénombrées sur cellule de Malassez. Leur viabilité a été déterminée par l'exclusion du bleu Trypan.

III-1.2 Prélèvement des plaques de Peyer

A l'aide d'un scalpel, les plaques de Peyer sont découpées et déposées sur un filtre Cell Strainer 70 µm (BD Dickinson). Le traitement est le même que pour les splénocytes mise à part l'opération de lyse des hématies qui n'est pas réalisée car non nécessaire.

III-1.3 Prélèvement du sang et des fèces

Le sang des souris a été prélevé par ponction rétroorbitale aux jours 0, 14, 28 et 42 pour doser des isotypes d'immunoglobulines totaux et spécifiques anti β-lactoglobuline. Les sérums ont été extraits en centrifugeant le sang à 240g pendant 15 min.

Les échantillons de fèces ont également été recueillis individuellement aux jours 0 et 42 pour analyse de la flore fécale et aux jours 0, 14, 28 et 42 pour le dosage d'anticorps. Les fèces ont été ensuite placées à 4°C et sous CO$_2$ jusqu'à l'étalement. Les immunoglobulines présentes dans les fèces ont été extraites en reprenant des fèces dans du PBS (1 :10). Les fèces ont été broyées grâce à un homogénéisateur Turrax, puis les échantillons ont été centrifugés à 300g pendant 20 min à 4°C.

Les surnageants du sang et des fèces ont été enfin congelés à –20°C dans l'attente des dosages par ELISA.

III-2 Dosages des immunoglobulines

Les dosages des immunoglobulines totales et spécifiques ont été faits par des techniques ELISA.

III-2.1 Immunoglobulines totales

A partir des sérums et des fèces de souris, nous avons mesuré les concentrations des anticorps totaux pour les différents isotypes d'immunoglobulines : IgA, IgG et IgM.

L'anticorps de capture dilué dans le tampon de capture, du PBS 0,01 M, est immobilisé sur une microplaque de 96 puits (Nunc Maxisorp) à raison de 50 µl/ puits, à une concentration déterminée et incubée pendant au moins une nuit à 4°C. Après lavage, les sites sont saturés par incubation à 37°C pendant 2 heures avec 150 µl/ puits de tampon de saturation : l'albumine bovine sérique (SAB) à 3% dans du PBS. Les échantillons (sérums et extraits des fèces à doser) et la gamme de référence (50 µl/puits) sont alors dilués dans de la SAB à 1% et déposés et l'incubation est poursuivie pendant une nuit à 4°C. Ensuite l'anticorps biotinylé est déposé (50 µl/puits) et incubé pendant 1 heure à 37°C. La révélation se poursuit avec 50 µl/puits d'une solution d'extravidine péroxydase au 1/5000 pendant 30 minutes à 37°C. Enfin, la solution de coloration (eau oxygénée associée à un chromogène : l'orthophénylénediamine : OPD (Sigma), dans un tampon citrate, pH 5,1) est déposée à raison de 100 µl/puits. La coloration se développe en 20-25 min à température ambiante, à l'abri de la lumière. La réaction est stoppée par l'ajout de 50 µl/puits d'H_2SO_4 2N. Les absorbances sont ensuite lues à 490 nm par le lecteur de microplaque (Molecular Devices).

Les lavages effectués à chacune de ces étapes, sont réalisés avec une solution de tween 20 à 0,1% dans du PBS. Une gamme d'étalonnage est réalisée sur chaque plaque, le point zéro étant obtenu avec de la SAB 1%.

Les différents réactifs sont répertoriés dans le **tableau 10**.

Dosage	Anticorps de capture	Gamme	Anticorps biotinylé
IgG	M-1397 Sigma	I-5381 Sigma	B-9904 Sigma
IgA	M-8769 Sigma	M-2895 Sigma	B-2766 Sigma
IgM	5272 Sigma	M-6700 Sigma M5170 Sigma	B-9265 Sigma

Tableau 10 : Les différents réactifs pour doser des isotypes d'immunoglobulines.

III-2.2 Immunoglobulines spécifiques

Les microplaques ont été sensibilisées avec de la β-lactoglobuline (Sigma L2508). Les isotypes d'immunoglobulines ont été révélés à l'aide d'anticorps spécifiques anti-IgA de souris (Sigma B2766), anti-IgG de souris (Sigma B9904) et anti-IgM de souris (Sigma B9265) biotinylés.

III-3 Phénotypage cellulaire

Les cellules (splénocytes et cellules des plaques de Peyer) sont ajustées à une concentration de 10^6 cellules/mL en milieu complet.

Les tubes suivants sont préparés en déposant les anticorps correspondants : les six premiers tubes sont des contrôles isotypiques. Ils permettent de s'assurer que les anticorps marqués ne se fixent pas spontanément sur les cellules. L'anticorps anti-CD3 permet de reconnaître les lymphocytes T, l'anticorps anti-CD4 les T helper (CD3$^+$) et certaines cellules dendritiques (CD3$^-$) et l'anticorps anti-CD8 les T cytotoxique (CD3$^+$) et certaines cellules dendritiques (CD3$^-$). D'autres sous populations cellulaires peuvent être reconnues par la combinaison de ces 3 anticorps.

Le marquage se fait durant 30 min à 4°C et à l'obscurité. Les cellules sont ensuite lavées, fixées et lues (20 000 évènements) à l'aide d'un FACscan (Becton Dickinson Instruments, Cambridge, MA, USA).

Pour le marquage des cellules neutrophiles et des monocytes nous utilisons les mêmes anticorps que pour tester l'activité phagocytaire.

Le **tableau 11** présente les anticorps utilisés et leurs références pour étudier le phénotypage cellulaire.

Anticorps	Référence BD Biosciences
Anti CD3 FITC	555274
Ig FITC	553988
Anti CD8α PE	553032
Ig PE	553930
Anti CD4 PerCP	553052
Ig PerCP	550765
Anti CD3+CD8α+CD4	555274 + 553032 + 553052
Ly-6G-PE	551461
Mac-1-PerCP-CY5.5	550993

Tableau 11 : Anticorps utilisés pour étudier le phenotypage cellulaire.

III-4 Activité phagocytaire

Les cellules (splénocytes et cellules des plaques de Peyer) sont ajustées à une concentration de 10^6 cellules/mL en milieu complet (RPMI avec 2 % glutamine, 1% gentamicine, 10 % SVF et 1 % β-mercaptoéthanol).

La mesure de l'activité phagocytaire a été effectuée selon la méthode de Wan *et al.* (Wan, Park et al. 1993) avec quelques modifications. Pour le marquage des cellules nous utilisons l'anticorps Ly-6G-PE (BD Biosciences 551461) qui reconnaît les granulocytes dont les neutrophiles majoritaires et Mac-1-PerCP-CY5.5 qui reconnaît à la fois les granulocytes et les monocytes (BD Biosciences 550993). La fixation se fait durant 20 min à 4°C et à l'obscurité.

Pour l'étape de phagocytose on ajoute ensuite une quantité fixe d'*E. coli* (*E. coli* FITC Molecular Probes E-2861 (InterChim)) et on laisse incuber les tubes très exactement 10 min à 37°C en présence de 5% de $CO2$. On ajoute alors du bleu trypan (Sigma T8154) dans les tubes. On laisse agir 1 min à 4°C. Cette opération permet « d'éteindre » les *E. coli* fluorescents qui sont fixés sur les membranes cellulaires mais qui ne sont pas phagocytés.

Les cellules sont ensuite lavées 2 fois (2 cycles de centrifugation et remise en suspension à 4°C), fixées, filtrées et lues à l'aide d'un FACscan (Becton Dickinson Instruments, Cambridge, MA, USA). Nous comptons 20 000 évènements. Les contrôles isotypiques sont faits en parallèle.

III-5 Activité NK

Pour mesurer l'activité NK nous utilisons la méthode de Johann (Johann, Blumel et al. 1995). Les cellules NK reconnaissent les cellules étrangères à l'organisme (parasites, champignons, microorganismes dont bactéries) et les cellules cancéreuses. Ces cellules sont alors détruites par un phénomène de cytotoxicité. Pour mesurer cette activité, nous allons nous servir d'une lignée de cellules murines transformées (cellules cibles) : la lignée YAC1 (Johann, Blumel et al. 1995; Gill, Rutherfurd et al. 2000).

Les cellules cibles sont colorées une nuit avec le D275 (Dioctadécyloxacarbocyanine perchlorate, 46805A, Interchim), qui s'incorpore durablement dans les membranes sans tuer les cellules. Elles sont lavées trois fois dans du milieu de culture, dénombrées, et remises en suspension à une concentration de 5.10^5 cellules/mL. Les splénocytes et les cellules des plaques de Peyer sont remis en suspension à une concentration de 2.10^7 cellules/mL en milieu complet. Les cellules effectrices et les cellules cibles sont réparties sur une microplaque 96 puits selon un rapport (splénocytes/YAC-1) de (120/1) et un rapport (cellules PP/YAC-1) de (40/1), en suivant le protocole suivant :

Témoin : 50 µL de la suspension de YAC-1 à 5.10^5 cellules/mL + 50 µl de milieu de culture.

Activité NK sur splénocytes : 50 µL de la suspension de YAC-1 à 5.10^5 cellules/mL + 50 µL de la suspension de splénocytes à 6.10^7 cellules/mL.

Activité NK sur cellules PP : 50 µL de la suspension de YAC-1 à 5.10^5 cellules/mL + 50 µL de la suspension de cellules PP à 2.10^7 cellules/mL.

Les cellules sont tassées par centrifugation 1 min à 240 g, pour permettre les contacts cellulaires, puis elles sont incubées 3 heures à 37°C en atmosphère humide et 5% CO_2.

Quinze minutes avant la fin de l'incubation, 5 µL d'iodure de propidium (1 mg/mL) sont ajoutés dans chaque puits. L'iodure de propidium marque les cellules mortes.

Le taux de lyse des cellules cibles est ensuite déterminé par cytomètrie de flux en ramenant le volume final à 1 mL pour l'activité NK des splénocytes et 0,5 mL pour l'activité des cellules des plaques de Peyer. Nous sélectionnons pour le comptage, les évènements correspondants aux cellules YAC-1 colorées (10 0000 évènements). L'activité des cellules NK est exprimée par le pourcentage de lyse spécifique des cellules cibles. Pour cela nous soustrayons le pourcentage des cellules mortes YAC1 du témoin (sans cellule effectrice) du pourcentage des cellules YAC-1 mortes en présence de cellules effectrices.

III-6 Dosage des lipides sanguins

Les dosages de cholestérol total, de HDL cholestérol et de triglycérides ont été effectués à l'aide de MASCOTT+ (Biocode HYCEL, Le RHEU). Les échantillons de sérum de souris sont mélangés dans une cuve avec des réactifs pour cholestérol total (coffret Biomérieux 61218), pour triglycérides (coffret Biomérieux 61236) et pour HDL cholestérol (coffret Biomérieux 61530). Après une incubation de 5 min à 37°C, l'absorbance est lue à 500nm pour le cholestérol total et les tryglicérides et à 540 nm pour le cholestérol HDL. L'étalonnage et le contrôle de qualité ont également été effectués dans ces conditions pour pouvoir calculer les concentrations des cholestérols et glycérides.

		Cholestérol total	Triglycérides	HDL cholestérol
Réactif	Référence Biomérieux	coffret 61 218	coffret Tryglycérides enzymatiques PAP : 150 61 236	coffret HDL Cholestérol direct 61 530
	Quantité	380µl	380µl	300µl
Etalon	Référence Biomérieux	CALIMATE coffret 62 321	CALIMATE coffret 62 321	coffret HDL Cholestérol direct calibrateur 62 223
	Quantité	4µl	4µl	4µl
Contrôle	Référence Biomérieux	LYTROL N coffret 62 373	LYTROL N coffret 62 373	LYTROL N coffret 62 373
	Quantité	4µl	4µl	4µl
Incubation à 37 pendant 5 min				
Longueur d'onde		500nm	500nm	540nm

Tableau 12 : Dosages de cholestérol total, triglycérides et cholestérol HDL avec MASCOTT+.

IV Statistiques

Les moyennes et les écarts-types ont été calculés pour chaque mesure réalisée. Une analyse de variance à un/deux facteurs (ANOVA, GLM) est réalisée pour la comparaison de moyennes de plusieurs échantillons suivis d'un classement des séries à l'aide d'un test d'intervalle multiple de Ryan-Einot-Gabriel-Welsch (REGWQ, Logiciel SAS). Les moyennes appartenant à la classe A sont significativement plus élevées que les moyennes appartenant à la classe B et ainsi de suite. Les résultats appartenant à des classes différentes sont significativement différents au seuil de 5%.

RESULTATS

L'objectif de ce travail est d'étudier l'influence de trois composés sur le système immunitaire et la flore fécale de la souris. Ces suppléments sont soit une préparation industrielle dérivée du lait, enrichie en sphingolipides (SM3) soit un mélange de bactéries probiotiques (*Lactobacillus acidophilus* NCFM® et *Bifidobacterium animalis* Bb12®) soit la lactoferrine bovine. Ils sont additionnés au régime de base, seuls ou en association.

Huit lots de 10 souris ont chacun été alimentés par un des régimes suivants pendant 6 semaines (cf chapitre II du matériel et méthodes).

R1 : régime de base

R2 : régime de base + bifidobactéries + lactobacilles

R3 : régime de base + SM3 20% (dont sphingolipides 1%)

R4 : régime de base + bifidobactéries + lactobacilles + SM3 20% (donc sphingolipides 1%)

R5 : régime de base + SM3 11% (dont sphingolipides 0,6%)

R6 : régime de base + bifidobactéries + lactobacilles + SM3 11% (dont sphingolipides 0,6%)

R7 : régime de base + lactoferrine bovine 1%

R8 : régime de base +lactoferrine bovine 1% +SM3 11%.

Pour chacun de ces régimes, nous avons étudié l'évolution des flores lactobacille et bifidobactérie entre le début et la fin de l'expérience. Nous nous sommes également intéressés à plusieurs paramètres immunitaires :

les immunoglobulines fécales et sériques ainsi que les phénotypes cellulaires, activités phagocytaires et les cellules NK dans la rate et les plaques Peyer. Etant donnée la nature chimique de l'ingrédient SM3 (fraction enrichie en lipides), nous avons déterminé son influence par rapport aux autres ingrédients sur le bilan lipidique. Enfin nous avons recherché des corrélations entre les différents paramètres mesurés dans cette étude.

I Effet des régimes sur l'évolution du poids des souris

Les souris ont toutes été pesées au début et à la fin de l'expérience. Les résultats sont présentés dans le **tableau 13**. Nous n'observons aucune différence significative due aux différents régimes.

Régimes Lf Pr SM3	Poids initial (PI) g	Poids final (PF) g	Evolution (E) (g/jour) E = (PF-PI)/jour
R1 - - -	17,7 ± 0,54 bc	26,6 ± 0,50 ab	0,027 ± 0,0027 b
R2 - + -	13,4 ± 0,56 d	23,6 ± 0,57 cd	0,037 ± 0,0027 a
R3 - - 20%	16,3 ± 0,19 c	22,8 ± 0,41 d	0,025 ± 0,0019 b
R4 - + 20%	17,7 ± 0,40 bc	24,9 ± 0,44 bcd	0,018 ± 0,0017 c
R5 - - 11%	21,4 ± 0,90 a	27,8 ± 0,63 a	0,015 ± 0,0032 c
R6 - + 11%	17,7 ± 0,64 bc	23,7 ± 0,71 cd	0,012 ± 0,0010 d
R7 + - -	22,2 ± 0,57 a	26,4 ± 0,34 ab	0,009 ± 0,0015 e
R8 + - 11%	19,1 ± 0,38 bc	25,2 ± 0,63 bc	0,012 ± 0,0012 d

Tableau 13 : Evolution du poids des souris.

Les ingrédients ajoutés au régime de base sont décrits à côté de chaque régime : Lf : lactoferrine ; Pr : probiotiques ; SM3 : l'extrait de lait bovin enrichi en lipides.

Les résultats présentés sont des moyennes pour 10 souris avec des écart-types de moyenne.

Analyse de variance à un/deux facteurs (GLM). p<0,05. Classement des séries, pour chaque temps, à l'aide d'un test de Ryan-Einot-Gabriel-Welsch (REGWQ, Logiciel SAS). Une même lettre désigne des régimes qui ne sont pas statistiquement différents pour le paramètre testé, a>b>c>d>e.

II Effet des régimes sur la flore fécale lactobacille et bifidobactérie

Des fèces sont recueillies au début et à la fin de chaque expérience. La recherche de la flore lactobacille se fait par étalement sur milieu MRS acidifié et sur milieu Rogosa, tandis que la recherche de la flore bifidobactérie se fait par étalements sur milieu MW. Pour chaque régime, et pour chaque milieu de culture, nous avons calculé les moyennes et les écart-types des numérations obtenues individuellement pour les 10 souris composant un même lot et ce au temps initial (J0) et au temps final (J42).

II-1 Suivi de la flore fécale lactobacille

Les **figures 10 (a et b)** présentent respectivement les dénombrements de la flore lactobacille fécale des souris sur milieu MRS acidifié et sur milieu Rogosa et ceci au début (J0) et à la fin (J42) de l'expérience.

Afin de vérifier le caractère sélectif des milieux de culture vis-à-vis du genre *Lactobacillus*, des tests de confirmation par PCR d'appartenance à ce genre ont été réalisés à l'aide de sondes spécifiques des lactobacilles. Selon les régimes testés, des taux de 60% à 87% de positifs ont été observés.

II-1.1 Flore lactobacille au début de l'expérience (J0)

Globalement, on remarque que la flore lactobacille fécale des souris est de l'ordre de 10^8 à 10^9 UFC/g de fèces. Ces chiffres concordent avec les données disponibles dans la bibliographie (Ducluzeau 1969). Cependant nous observons de légères différences selon les groupes de souris quel que soit le milieu de culture utilisé. Avec le milieu MRS acidifié la flore lactobacille fécale des souris du régime R8 est significativement plus faible par rapport au régime témoin R1. Avec le milieu Rogosa, elle est plus

130

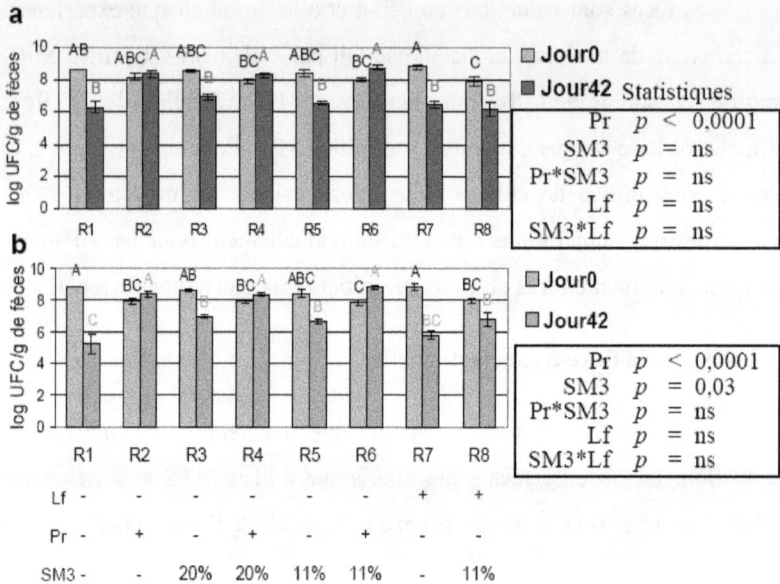

Figure 10 : Dénombrement de la flore Lactobacillus fécale des souris pour chaque régime sur (a) milieu MRS et (b) milieu Rogosa à J0 et J42.

Les ingrédients ajoutés au régime de base sont décrits à côté de chaque régime : Lf : lactoferrine ; Pr : probiotiques ; SM3 : l'extrait de lait bovin contenant des lipides.

Les résultats présentés sont des moyennes pour 10 souris et des écart-types de moyenne sont représentés par les barres d'erreur.

Analyse de variance à un/deux facteurs (GLM). p<0,05. ns: non significatif.

Classement des séries, pour chaque temps, à l'aide d'un test de Ryan-Einot-Gabriel-Welsch (REGWQ, Logiciel SAS). Une même lettre désigne les régimes qui ne sont pas statistiquement différents pour le paramètre testé. A>B>C. Un test de co-variance a montré que les différences à J0 n'affectent pas les résultats des analyses statistiques à J42.

Le tableau de statistiques présente les effets des ingrédients mis en évidence par un test de Tukey.

faible chez les souris des groupes R2, R4, R6 et R8. On constate une certaine stabilité de la flore lactobacille au J0 entre les souris au sein d'un même lot (écart types faibles).

II-1.2 Flore lactobacille à la fin de l'expérience (J42)

II-1.2.1 Régime témoin

Pour le régime de base (R1) nous observons une baisse significative de la population lactobacille qui passe de 10^8-10^9 UFC/g de à 10^5-10^7 UFC/g de fèces après 42 jours de régime. Cette baisse peut être attribuée au changement de la nourriture : passage du régime croquettes au régime1 (Régime de base témoin). Les écart-types importants rendent compte d'une très grande hétérogénéité dans les lots de souris : le comportement de la flore intestinale est variable bien que les souris possèdent le même fond génétique et soient élevées strictement dans les mêmes conditions environnementales. Toutes ces observations peuvent aussi être reliées aux troubles du transit intestinal (constipation) présentés par toutes les souris lors de la consommation de ce régime. Enfin à J42 on constate des différences sensibles entre les numérations sur le milieu MRS acidifié et sur le milieu Rogosa : 2 classes significatives avec le milieu MRS, trois avec le milieu Rogosa. Ainsi ces deux milieux n'ont pas le même pouvoir sélectif vis-à-vis des différentes espèces de *Lactobacillus*. Nous pouvons penser que le régime témoin a entraîné un déplacement de l'équilibre des espèces de cette population et vraisemblablement des autres populations fécales.

II-1.2.2 Régime supplémenté avec la lactoferrine

En fin d'expérience, pour le régime R7 contenant de la lactoferrine nous observons une tendance non significative à l'augmentation des lactobacilles avec les deux milieux de culture par rapport au régime de base. De plus les dénombrements sur milieu MRS acidifié et Rogosa sont du même ordre de grandeur. Donc, dans cette étude, la lactoferrine n'a pas d'effet significatif sur la flore lactobacille. Cependant des écart-types moins importants sont observés pour R7 ce qui pourrait correspondre à une homogénéité plus grande de la flore lactobacille dans les souris de ce lot.

II-1.2.3 Régime supplémenté avec les probiotiques

Dans le cas du régime supplémenté avec les probiotiques (R2), nous observons que la flore lactobacille ne varie pas quantitativement (10^8-10^9 UFC/g de fèces) au cours du temps, alors qu'elle baisse significativement, comme déjà observé, dans le régime témoin. Les numérations sont indépendantes du milieu de culture utilisé. On observe peu de variabilité entre les souris du même lot.

II-1.2.4 Régimes supplémentés avec le SM3

Par rapport au régime R1, les fèces des souris dont les régimes sont supplémentés en SM3 (R3 : 20% et R5 : 11%) contiennent une flore lactobacille plus importante, proche de 10^7 UFC/g de fèces, sans toutefois retrouver la numération (10^8-10^9 UFC/g de fèces) du temps initial. Cependant la différence n'est significative (p=0,003) que sur le milieu Rogosa, **figure11**. Les écart-types faibles traduisent une homogénéité entre les différentes souris de chaque régime. Le changement d'équilibre de la flore lactobacille introduit par le régime de base est partiellement rétablit par les régimes SM3.

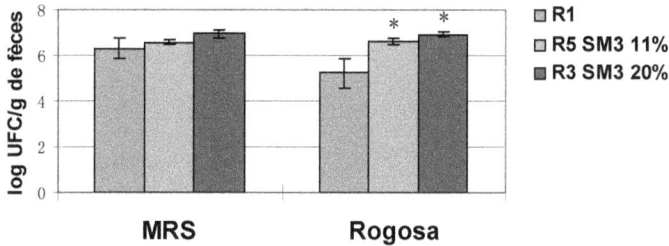

Figure 11 : Effet du SM3 sur le dénombrement des Lactobacillus sur milieux MRS et Rogosa à la fin d'expérience (J42).

*Les résultats présentés sont des moyennes pour 10 souris et des écart-types de moyenne sont représentés par les barres d'erreur. * différence significative, p<0,05.*

II-1.2.5 Régime supplémenté avec SM3 et la lactoferrine

Chez les souris ayant reçu un régime contenant du SM3 (11%) et de la lactoferrine (R8), les numérations de lactobacilles varient selon les milieux de culture et présentent des écart-types importants, signe d'une hétérogénéité importante des souris à l'intérieur d'un lot. Sur le milieu MRS, la numération des lactobacilles fécaux des souris consommant le régime SM3 + lactoferrine (R8) n'est pas significativement différente des régimes de base (R1), supplémentés en SM3 (R5) ou en lactoferrine (R7). Sur le milieu Rogosa, la numération n'est pas significativement différente de celle du régime SM3 seul (R5) ou de celle du régime lactoferrine seule (R7). Elle est significativement plus élevée que celle de régime de base (R1). Ces résultats confirment nos observations selon lesquelles la lactoferrine n'a pas d'effet sur la flore lactobacille et le SM3 a un effet positif sur la flore qui prolifère sur le milieu Rogosa.

Statistiques

Pr	p	<	0,0001
SM3	p	=	ns
Pr*SM3	p	=	ns
Lf	p	=	ns
SM3*Lf	p	=	ns

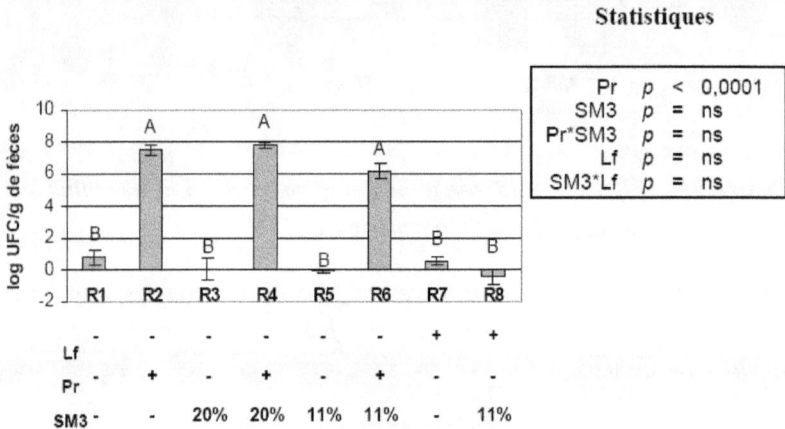

Figure 12 : Variation, entre J0 et J42, des dénombrements de la flore Bifidobacterium fécale des souris sur milieu MW.

Les ingrédients ajoutés au régime de base sont décrits au dessous de chaque régime : Lf : lactoferrine ; Pr : probiotiques ; SM3 : l'extrait de lait bovin contenant des lipides.

Les résultats présentés sont des moyennes pour 10 souris et des écart-types de moyenne sont représentés par les barres d'erreur.

Analyse de variance à un/deux facteurs (GLM). p<0,05. ns: non significatif.

Classement des séries, pour chaque temps, à l'aide d'un test de Ryan-Einot-Gabriel-Welsch (REGWQ, Logiciel SAS). Une même lettre désigne les régimes qui ne sont pas statistiquement différents pour le paramètre testé. A>B>C.

Le tableau de statistiques présente les effets des ingrédients mis en évidence par un test de Tukey.

II-1.2.6 Régimes supplémentés avec des probiotiques et du SM3

Dans le cas des régimes contenant des probiotiques associés au SM3 20% et 11% (R4 et R6) les résultats de la flore lactobacille sont statistiquement identiques à ceux obtenus avec le régime contenant seulement des probiotiques (R2) sur les deux milieux de culture. Par contre, les numérations sont significativement ($p<0,0001$) plus élevées que pour le régime de base R1 à la fin d'expérience.

II-2 Suivi de la flore fécale bifidobactérie

Les numérations fécales de la flore bifidobactérie pour tous les régimes sont présentées dans la **figure 12**. Afin de vérifier le caractère sélectif du milieu de numération pour *Bifidobacterium*, des tests de confirmation (par PCR) d'appartenance à ce genre ont été réalisés. Pour les régimes R2, R4 et R6 on enregistre respectivement 50%, 62% et 54% de souches positives.

Les bifidobactéries sont naturellement peu représentées parmi les bactéries commensales des souris. Pour cette raison, on détecte généralement peu de colonies sur le milieu Wilkins-Chalgren. Les numérations sont souvent inférieures à 10^2 UFC/g de fèces, ce qui représente le seuil de détection dans nos conditions expérimentales. Ce sont les valeurs que nous observons pour les souris n'ayant pas consommé un des régimes contenant des bifidobactéries.

Seules les fèces des souris dont les régimes contenaient des bifidobactéries renferment environ 10^7 UFC/g de fèces. Nous n'observons pas de différence significative entre les différents régimes : probiotiques seuls ou supplémentés avec le SM3. Pour ces séries, les écart-types sont faibles témoignant ainsi d'une homogénéité des résultats entre individus d'un même lot. Ce phénomène est particulièrement remarquable pour les séries incluant le SM3. Les écart-types les plus faibles sont obtenus pour le régime à 20% de SM3 associé avec des probiotiques (R4).

Ces résultats montrent que les *Bifidobacterium* Bb12 absorbés dans les régimes sont retrouvés vivants dans les fèces. Il n'y a pas d'interaction entre le SM3 avec et les probiotiques ou avec la lactoferrine.

III Effet des régimes sur l'evolution des immunoglobulines sériques et fécales

Les concentrations en anticorps IgA, IgG et IgM ont été mesurées tant dans le sang que dans les fèces des souris nourries avec les différents régimes décrits précédemment. Ces mesures ont été effectuées à J0, J14, J28 et J42. Pour chaque classe (A, G, M), les immunoglobulines spécifiques anti-β-lactoglobuline bovine ont également été recherchées.

III-1 Suivi des immunoglobulines spécifiques sériques et fécales

Le **tableau 14** présente le nombre de souris exprimant des immunoglobulines spécifiques anti-β-lactoglobuline bovine. Dans l'ensemble des régimes, seules quelques souris présentent ces anticorps spécifiques. Ce pourcentage est faible et varie d'une série à l'autre. Cette réponse est normale puisque la voie orale induit la tolérance orale, donc une faible réponse du système immunitaire. Nous pouvons cependant en conclure que le système immunitaire de ces souris a été stimulé par ces régimes puisqu'un des constituants communs à ces régimes induit la réponse d'anticorps spécifique. D'autres paramètres immunitaires sont donc susceptibles d'avoir été également modifiés par ces régimes. En effet,

Régime	Prélèvement	Sérum			Fèces		
		IgA	IgG	IgM	IgA	IgG	IgM
R1	J0	0	0	nd	0	0	0
	J14	0	0	nd	0	0	0
	J28	0	0	nd	0	0	0
	J42	0	0	nd	0	0	0
R2	J0	0	0	0	0	0	0
	J14	0	1	1	0	0	0
	J28	0	1	3	0	0	0
	J42	0	4	4	0	4	1
R3	J0	0	0	0	0	0	0
	J14	0	3	1	0	3	1
	J28	0	6	0	0	4	3
	J42	0	7	3	0	5	1
R4	J0	0	0	0	0	0	0
	J14	0	9	0	0	8	0
	J28	0	6	2	0	5	2
	J42	0	1	4	0	0	4
R5	J0	0	0	nd	0	0	0
	J14	0	0	nd	0	0	1
	J28	0	0	nd	0	1	0
	J42	1	0	nd	0	1	0
R6	J0	0	0	0	0	0	0
	J14	0	1	1	0	5	1
	J28	0	4	0	0	6	5
	J42	0	2	0	0	2	3
R7	J0	0	0	nd	0	0	0
	J14	0	10	nd	0	0	2
	J28	1	10	nd	0	0	2
	J42	0	7	nd	0	0	3
R8	J0	0	0	nd	0	0	0
	J14	0	0	nd	0	0	3
	J28	0	2	nd	1	2	2
	J42	0	1	nd	0	0	5

Tableau 14 : Nombre de souris exprimant des anticorps spécifiques anti-lactoglobuline bovine.

Mesure réalisée par ELISA. Chaque série comprend 10 souris. nd : non détectable.

l'apparition d'anticorps spécifiques nécessite la stimulation de système immunitaire naturel (phagocytose, activité NK) et inné (activation de populations lymphocytaires : sous populations de lymphocytes T et des lymphocytes B pour la production d'anticorps spécifiques).

III-2 Suivi des immunoglobulines totales sériques et fécales

Les résultats des mesures des immunoglobulines (IgA, IgG, IgM) sériques et fécales sont présentés respectivement dans les **figures 13 (a, b, c) et 14 (a, b, c)**.

Sur l'ensemble des mesures, nous observons un effet temps, c'est à dire une modification de la concentration des différents isotypes en fonction du temps entre les différents régimes. Cependant cet effet est significatif uniquement pour les IgA sériques totales et les IgG fécales totales.

III-2.1 Immunoglobulines totales sériques

Pour le régime R7 (lactoferrine seule) nous n'observons aucune modification significative du taux des Ig sériques au cours du temps.

Le régime contenant des bactéries probiotiques (R2) augmente significativement les taux d'IgG, d'IgA et d'IgM sériques ($p < 0,0001$) au cours du temps (**figures 13**). Cette augmentation est plus nette pour les IgA et les IgM. Des différences significatives avec le régime de base sont observées en fin de protocole pour les IgA sériques. Nous observons une interaction probiotiques/temps pour les IgA ($p = 0,001$) et les IgM ($p = 0,001$) sériques.

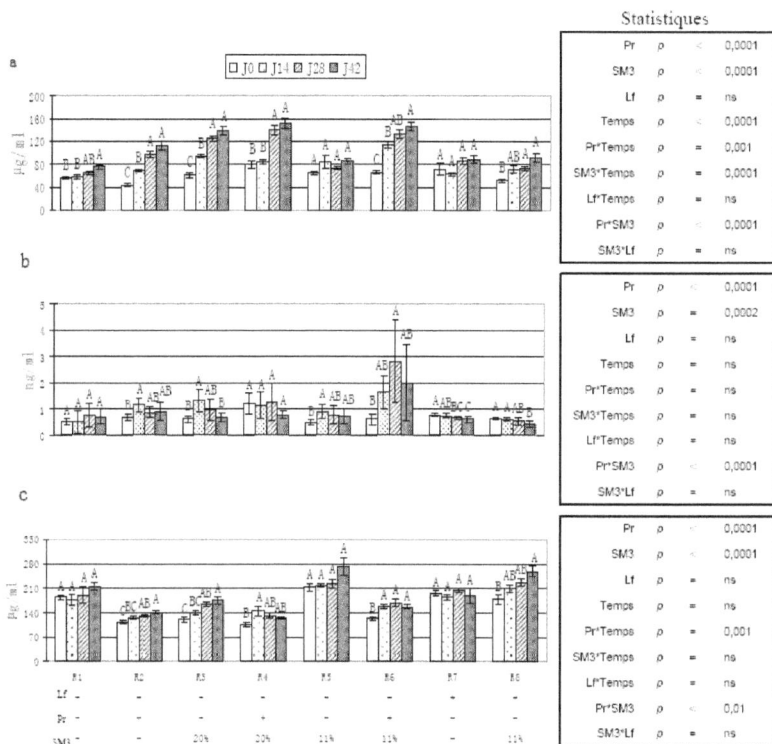

Figure 13 : Concentrations des (a) IgA, (b) IgG, et (c) IgM sériques

Les ingrédients ajoutés au régime de base sont décrits au dessous de chaque régime : Lf : lactoferrine ; Pr : probiotiques ; SM3 : l'extrait de lait bovin contenant des lipides.

Les résultats présentés sont des moyennes pour 10 souris et des écart-types de moyenne sont représentés par les barres d'erreur.

Analyse de variance à un/deux facteurs (GLM). p<0,05.

Classement des séries, pour chaque régime, à l'aide d'un test de Ryan-Einot-Gabriel-Welsch (REGWQ, Logiciel SAS). Une même lettre désigne les régimes qui ne sont pas statistiquement différents pour le paramètre testé. A>B>C.

Le tableau de statistiques présente les effets des ingrédients et/ou du temps analysés par un modèle mixte. Lorsqu'un effet significatif a été dégagé, les moyennes ont été comparées par un test de Tukey.

Les concentrations des IgA ($p<0,0001$), des IgG ($p=0,0002$) et des IgM ($p<0,0001$) sériques des régimes supplémentés avec du SM3 sont significativement augmentées. Un effet SM3/temps est observé pour les IgA ($p=0,0001$) sériques.

Au niveau des concentrations en immunoglobulines, aucune interaction n'est mesurée entre la lactoferrine bovine et le SM3. Ceci n'est guère surprenant puisque la lactoferrine seule ne modifie pratiquement pas les taux d'immunoglobulines.

Au contraire de la lactoferrine, les probiotiques présentent des interactions significatives avec le SM3 pour tous les isotypes mesurés (**figure 13**). Ceci signifie que l'effet des probiotiques n'est pas le même sur ces marqueurs si les souris consomment ou ne consomment pas du SM3 et réciproquement. En fin de protocole, en présence des deux nutriments (régimes R6 et R4) et par rapport aux régimes SM3 (R5 et R3), les concentrations en IgA et en IgG sériques augmentent, celles en IgM diminuent. Par rapport au régime probiotique (R2), les régimes contenant les deux nutriments (R4 et R6) se traduisent par une augmentation des IgA et IgG sériques (**tableau 15**).

III-2.2 Immunoglobulines totales fécales

Les résultats de la **figure 14** montrent que la lactoferrine bovine augmente significativement ($p=0,0002$) les IgG fécales. Une interaction lactoferrine/temps est observée au niveau fécal pour les IgG ($p=0,0001$) et les IgM ($p=0,002$).

Le régime probiotique augmente significativement les IgA et IgG fécales, mais pas les IgM (**figure 14**) au cours du temps. Des différences

Lf	-	-	-	-	-	-	+	+
Pr	-	+	-	+	-	+	-	-
SM3	-	-	20%	20%	11%	11%	-	11%
	R1	R2	R3	R4	R5	R6	R7	R8
IgA sériques	D	BC	AB	A	CD	A	CD	CD
IgG sériques	B	B	B	B	B	A	B	B
IgM sériques	AB	C	BC	C	A	BC	BC	A
IgA fécales	A	ABC	D	BCD	A	CD	ABC	AB
IgG fécales	CD	BC	CD	D	CD	CD	A	AB
IgM fécales	BC	C	BC	BC	A	B	B	B

Tableau 15 : Taux des immunoglobulines sériques et fécales à J42 : analyses statistiques en comparaison entre les différents régimes.

Classement des séries à l'aide d'un test de Ryan-Einot-Gabriel-Welsch (REGWQ, Logiciel SAS). Une même lettre désigne des régimes qui ne sont pas statistiquement différents pour le paramètre testé. A>B>C>D. Un test de co-variance a montré que les différences à J0 n'affectent pas les résultats des analyses statistiques à J42 sauf pour les IgA fécales.

Les ingrédients ajoutés au régime de base sont décrits au dessous de chaque régime : Lf : lactoferrine ; Pr : probiotiques ; SM3 : l'extrait de lait bovin contenant des lipides.

significatives avec le régime de base sont observées en début de protocole pour les IgA fécales (taux anormalement élevé pour les IgA du régime R1) et en fin de protocole pour les IgM fécales. Nous n'observons aucune différence significative pour les IgG. Nous observons une interaction probiotiques/temps pour les IgG (p=0,03) et IgM (p=0,01) fécales.

Les concentrations des IgG (p=0,01) des régimes supplémentés avec du SM3 sont significativement augmentées par rapport aux régimes sans SM3 cependant les IgA sont significativement (p<0,0001) diminuées (**figure 14**). Un effet SM3/temps est observé pour les IgG (p=0,03) et IgM (p<0,0001) fécales.

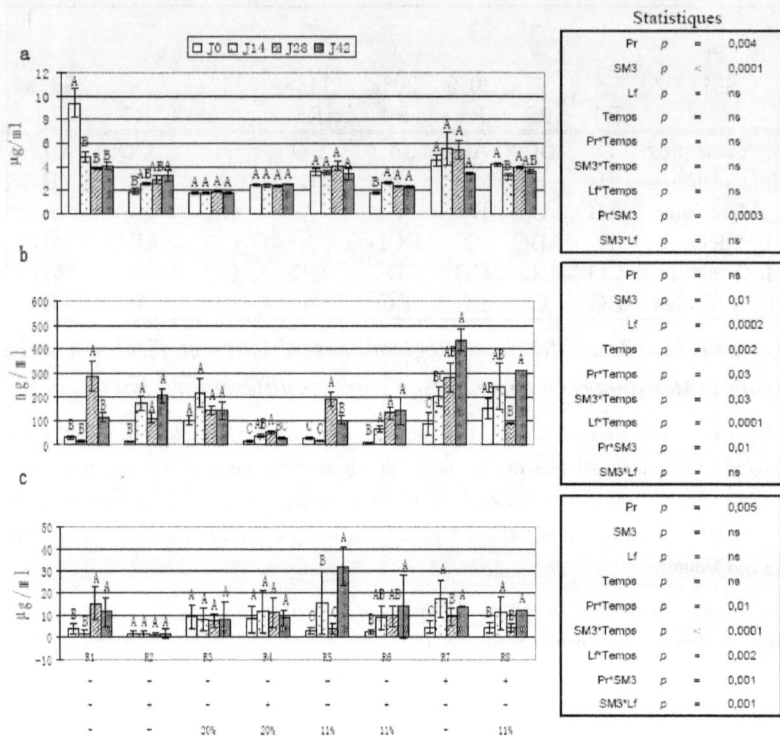

Statistiques

Panel a:

Pr	p	=	0,004
SM3	p	<	0,0001
Lf	p	=	ns
Temps	p	=	ns
Pr*Temps	p	=	ns
SM3*Temps	p	=	ns
Lf*Temps	p	=	ns
Pr*SM3	p	=	0,0003
SM3*Lf	p	=	ns

Panel b:

Pr	p	=	ns
SM3	p	=	0,01
Lf	p	=	0,0002
Temps	p	=	0,002
Pr*Temps	p	=	0,03
SM3*Temps	p	=	0,03
Lf*Temps	p	=	0,0001
Pr*SM3	p	=	0,01
SM3*Lf	p	=	ns

Panel c:

Pr	p	=	0,005
SM3	p	=	ns
Lf	p	=	ns
Temps	p	=	ns
Pr*Temps	p	=	0,01
SM3*Temps	p	<	0,0001
Lf*Temps	p	=	0,002
Pr*SM3	p	=	0,001
SM3*Lf	p	=	0,001

Figure 14 : Concentrations des (a) IgA, (b) IgG, et (c) IgM fécales des souris.

Les ingrédients ajoutés au régime de base sont décrits au dessous de chaque régime : Lf : lactoferrine ; Pr : probiotiques ; SM3 : l'extrait de lait bovin contenant des lipides.

Les résultats présentés sont des moyennes pour 10 souris et des écart-types de moyenne sont représentés par les barres d'erreur.

Analyse de variance à un/deux facteurs (GLM). p<0,05. ns: non signigicatif.

Classement des séries, pour chaque régime, à l'aide d'un test de Ryan-Einot-Gabriel-Welsch (REGWQ, Logiciel SAS). Une même lettre désigne les régimes qui ne sont pas statistiquement différents pour le paramètre testé. A>B>C.

Le tableau de statistiques présente les effets des ingrédients analysés par un modèle mixte. Lorsqu'un effet significatif a été dégagé, les moyennes ont été comparées par un test de Tukey.

Aucune interaction n'est mesurée entre la lactoferrine bovine et le SM3 sauf pour les IgM fécales (p=0,001). Par contre, les probiotiques présentent des interactions significatives avec le SM3 pour tous les isotypes mesurés (**figure 14**). Les concentrations fécales en IgA et IgM diminuent tandis que la concentration en IgG fécale est stable. Par rapport au régime probiotique (R2), les régimes contenant les deux nutriments (R4 et R6) se traduisent par une augmentation des IgM fécales et une diminution de la concentration en IgG fécale (**tableau 15**).

IV Effet des régimes sur le phénotypage cellulaire (T, DC et cellules phagocytaires)

Les pourcentages des cellules lymphocytes T (CD3$^+$CD4$^+$ et CD3$^+$CD8$^+$), des cellules dendritiques (CD3$^-$CD4$^+$ et CD3$^-$CD8$^+$), des neutrophiles (Mac-1$^+$Ly6G$^+$) et celui des monocytes (Mac-1$^+$Ly6G$^-$) ont été mesurés à la fin de l'expérience dans la rate et les plaques de Peyer de toutes les souris ayant consommé les différents régimes.

IV-1 Dans la rate

La **figure 15** (de A à H) montre les effets de chaque régime sur les pourcentages des cellules lymphocytes T, des cellules dendritiques, des neutrophiles et celui des monocytes dans la rate des souris. Le **tableau 16 (a, b)** montre les résultats des analyses statistiques effectuées sur ces mesures.

IV-1.1 Effet de la lactoferrine

Par rapport au régime témoin, le régime contenant de la lactoferrine ne modifie pas les pourcentages des lymphocytes, des cellules dendritiques ou des cellules phagocytaires (**figure 15-A, -B** et **tableau 16**). La

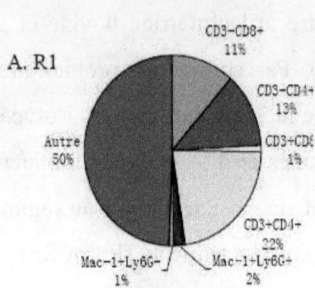

A. R1

CD3-CD8+
11%

CD3-CD4+
13%

CD3+CD8
1%

Autre
50%

CD3+CD4+
22%

Mac-1+Ly6G-
1%

Mac-1+Ly6G+
2%

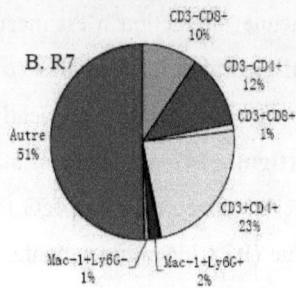

B. R7

CD3-CD8+
10%

CD3-CD4+
12%

CD3+CD8+
1%

Autre
51%

CD3+CD4+
23%

Mac-1+Ly6G-
1%

Mac-1+Ly6G+
2%

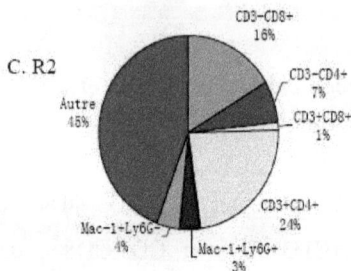

C. R2

CD3-CD8+
16%

CD3-CD4+
7%

CD3+CD8+
1%

Autre
45%

CD3+CD4+
24%

Mac-1+Ly6G-
4%

Mac-1+Ly6G+
3%

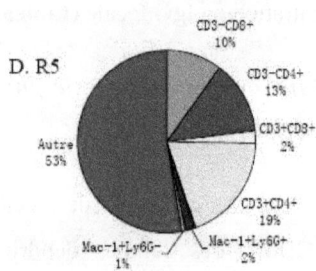

D. R5

CD3-CD8+
10%

CD3-CD4+
13%

CD3+CD8+
2%

Autre
53%

CD3+CD4+
19%

Mac-1+Ly6G-
1%

Mac-1+Ly6G+
2%

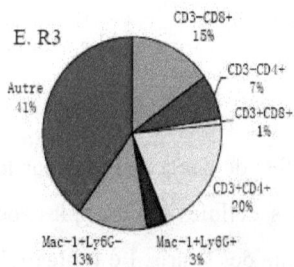

E. R3

CD3-CD8+
15%

CD3-CD4+
7%

CD3+CD8+
1%

Autre
41%

CD3+CD4+
20%

Mac-1+Ly6G-
13%

Mac-1+Ly6G+
3%

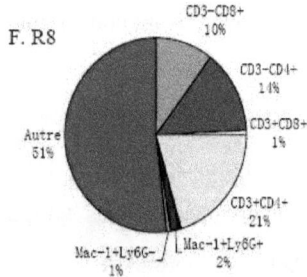

F. R8

CD3-CD8+
10%

CD3-CD4+
14%

CD3+CD8+
1%

Autre
51%

CD3+CD4+
21%

Mac-1+Ly6G-
1%

Mac-1+Ly6G+
2%

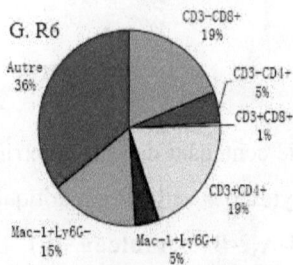

G. R6

CD3-CD8+
19%

CD3-CD4+
5%

CD3+CD8+
1%

Autre
36%

CD3+CD4+
19%

Mac-1+Ly6G-
15%

Mac-1+Ly6G+
5%

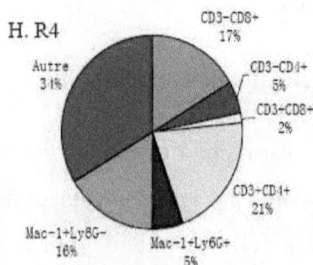

H. R4

CD3-CD8+
17%

CD3-CD4+
5%

CD3+CD8+
2%

Autre
34%

CD3+CD4+
21%

Mac-1+Ly6G-
16%

Mac-1+Ly6G+
5%

lactoferrine n'a donc pas d'effet sur le phénotypage des lymphocytes, des cellules dendritiques, des neutrophiles et des monocytes au niveau de la rate.

IV-1.2 Effet des probiotiques

Pour le régime probiotiques seuls (R2) par rapport au régime témoin (R1, **figure 15** et **tableau 16**), les pourcentages de lymphocytes ne sont pas modifiés ($p>0,05$). La sous population $CD3^-CD8^+$ des DCs qui oriente les réponses immunitaires vers le type Th1 a été augmentée significativement ($p<0,05$) tandis que la sous population $CD3^-CD4^+$ des DC qui oriente les réponses vers le type Th2 a été diminuée significativement ($p<0,05$). En ce qui concerne les cellules phagocytaires, tant pour les neutrophiles que pour les monocytes, nous avons observé une légère augmentation mais de manière non significative ($p>0,05$).

Légende pour Figure 15 : Phénotypage des cellules de la rate: Répartitions dans les différents phénotypes (mesures en cytométrie en flux).

Les cellules CD3-CD8+ et CD3-CD4+ représentent des DCs; les cellules CD3+CD8+ représentent les Tc; les cellules CD3+CD4+ représentent les Th; les macrophages sont distingués par deux anticorps Mac-1+Ly6G+ pour les neutrophiles et Mac-1+Ly6G- pour les monocytes.

Les résultats présentés sont des moyennes.

a. Rate		R1	R2	R3	R4	R5	R6	R7	R8
	Lf	-	-	-	-	-	-	+	+
	Pr	-	+	-	+	-	+	-	-
	SM3	-	-	20%	20%	11%	11%	-	11%
	p	R1	R2	R3	R4	R5	R6	R7	R8
Autre	ns	A	A	A	A	A	A	A	A
DC total	ns	A	A	A	A	A	A	A	A
T total	ns	A	A	A	A	A	A	A	A
macrophage total	ns	A	A	A	A	A	A	A	A
CD3-CD8+	<0,0001	B	A	AB	A	B	A	B	B
CD3-CD4+	ns	A	B	B	B	A	B	A	A
CD3+CD8+	ns	A	A	A	A	A	A	A	A
CD3+CD4+	ns	A	A	A	A	A	A	A	A
Mac-1+Ly6G+	0,0064	B	AB	AB	A	B	AB	AB	B
Mac-1+Ly6G-	0,0213	A	A	A	A	A	A	A	A

b. Facteurs	CD3-CD8+	CD3-CD4+	CD3+CD8+	CD3+CD4+	Mac-1+Ly6G+	Mac-1+Ly6G-
Lf	ns	ns	ns	ns	ns	ns
Pr	<0,0001	<0,0001	ns	ns	0,001	0,04
SM3	ns	0,001	ns	ns	ns	0,02
Lf*SM3	ns	ns	ns	ns	ns	ns
Pr*SM3	0,005	0,01	ns	ns	ns	ns

Tableau 16 : Phénotypage des cellules de la rate : Analyses statistiques.

Les ingrédients ajoutés au régime de base sont décrits au dessous de chaque régime : Lf : lactoferrine ; Pr : probiotiques ; SM3 : l'extrait de lait bovin contenant des lipides.

Les cellules CD3-CD8+ et CD3-CD4+ représentent les DCs; les cellules CD3+CD8+ représentent les Tc; les cellules CD3+CD4+ représentent les Th; les macrophages sont distingués par deux anticorps Mac-1+Ly6G+ pour les neutrophiles et Mac-1+Ly6G- pour les monocytes.

Analyse de variance à un/deux facteurs (GLM). p<0,05.

a. Classement des séries à l'aide d'un test de Ryan-Einot-Gabriel-Welsch (REGWQ, Logiciel SAS). Une même lettre désigne des régimes qui ne sont pas statistiquement différents pour le paramètre testé. A>B>C.

b. Le tableau de statistiques présente les effets des ingrédients mis en évidence par un test de Tukey. ns: non significatif.

IV-1.3 Effet du SM3

Deux doses de SM3 ont été testées dans nos régimes : 11% pour le régime R5 dont les résultats sont montrés dans la **figure 15-D** et 20% pour le régime R3 dont les résultats sont montrés dans la **figure 15-E**. Les régimes contenant du SM3 n'ont pas modifié le pourcentage des populations immunitaires par rapport aux pourcentages du régime témoin excepté la sous population de cellules dendritiques $CD3^-CD4^+$ qui est significativement diminuée ($p<0,05$) par le régime contenant du SM3 à 20% (**tableau 16**).

L'effet du SM3 sur le phénotypage des cellules immunitaires est donc dose dépendant, seule la dose élevée montre un effet significatif sur la sous population $CD3^-CD4^+$.

IV-1.4 Interaction de la lactoferrine et du SM3

Aucune interaction n'est observée pour les populations et sous populations de lymphocytes, de cellules phagocytaires et de cellules dendritiques entre la lactoferrine et le SM3 (**tableau 16**).

IV-1.5 Interaction des probiotiques et du SM3

Comme précédemment, une faible interaction est seulement observée pour les sous populations de cellules dendritiques ($p=0,005$ pour la population $CD3^-CD8^+$ et $p=0,01$ pour la population $CD3^-CD4^+$). L'effet probiotique semble néanmoins statistiquement prépondérant. En effet, l'association probiotiques/SM3 conduit à des pourcentages de ces sous populations qui ne sont pas statistiquement différents de ceux obtenus avec les probiotiques seuls (**figure 15** et **tableau 16**).

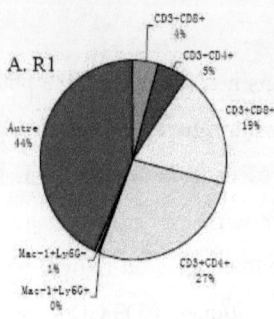

A. R1

CD3-CD8+
4%

CD3-CD4+
5%

CD3+CD8+
19%

Autre
44%

Mac-1+Ly6G-
1%

Mac-1+Ly6G+
0%

CD3+CD4+
27%

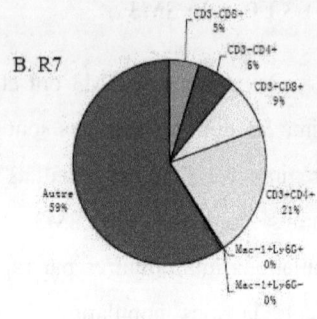

B. R7

CD3-CD8+
5%

CD3-CD4+
6%

CD3+CD8+
9%

CD3+CD4+
21%

Autre
59%

Mac-1+Ly6G+
0%

Mac-1+Ly6G-
0%

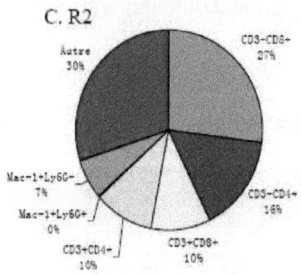

C. R2

CD3-CD8+
27%

Autre
30%

Mac-1+Ly6G-
7%

Mac-1+Ly6G+
0%

CD3+CD4+
10%

CD3+CD8+
10%

CD3-CD4+
16%

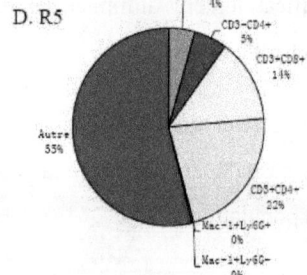

D. R5

CD3-CD8+
4%

CD3-CD4+
5%

CD3+CD8+
14%

Autre
53%

CD3+CD4+
22%

Mac-1+Ly6G+
0%

Mac-1+Ly6G-
0%

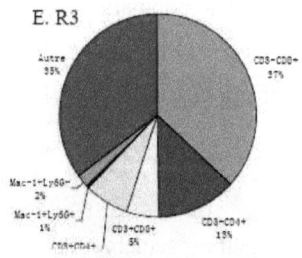

E. R3

CD3-CD8+
37%

Autre
35%

Mac-1+Ly6G-
2%

Mac-1+Ly6G+
1%

CD3+CD8+
5%

CD3+CD4+
15%

CD3+CD4+

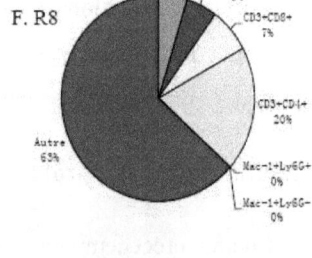

F. R8

CD3-CD8+
5%

CD3-CD4+
5%

CD3+CD8+
7%

CD3+CD4+
20%

Autre
65%

Mac-1+Ly6G+
0%

Mac-1+Ly6G-
0%

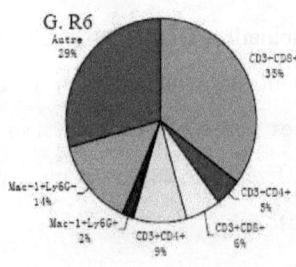

G. R6

Autre
29%

CD3-CD8+
35%

Mac-1+Ly6G-
14%

Mac-1+Ly6G+
2%

CD3+CD4+
9%

CD3+CD8+
6%

CD3-CD4+
5%

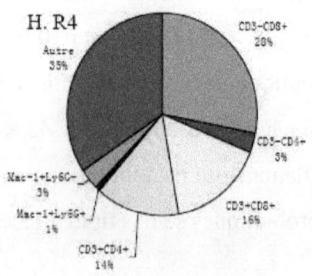

H. R4

Autre
35%

CD3-CD8+
20%

CD3-CD4+
3%

CD3+CD8+
16%

CD3+CD4+
14%

Mac-1+Ly6G+
1%

Mac-1+Ly6G-
3%

IV-2 Dans les plaques de Peyer

La **figure 16 (de A à H)** montre les effets de chaque régime sur les pourcentages des cellules lymphocytes T, des cellules dendritiques, des neutrophiles et ceux des monocytes dans les plaques de Peyer des souris. Le **tableau 17 (a, b)** montre les résultats des analyses statistiques effectuées sur ces mesures. D'une façon générale, au niveau des plaques de Peyer, les résultats diffèrent de ceux observés au niveau de la rate. Nous notons une plus grande variabilité des populations étudiées.

IV-2.1 Effet de la lactoferrine

Le régime contenant de la lactoferrine n'a pas d'effet sur le phénotypage des lymphocytes, des DCs et des cellules phagocytaires des plaques de Peyer de souris (**figure 16-A, -B** et **tableau 17**).

Légende pour Figure 16 : Phénotypage des cellules des plaques des Peyer: Répartitions dans les différents phénotypes (mesures en cytométrie en flux).

Les cellules CD3-CD8+ et CD3-CD4+ représentent des DCs; les cellules CD3+CD8+ représentent les Tc; les cellules CD3+CD4+ représentent les Th; les macrophages sont distingués par deux anticorps Mac-1+Ly6G+ pour les neutrophiles et Mac-1+Ly6G- pour les monocytes.

Les résultats présentés sont des moyennes.

a. PP	Lf	-	-	-	-	-	-	+	+
	Pr	-	+	-	+	-	+	-	-
	SM3	-	-	20%	20%	11%	11%	-	11%
	p	R1	R2	R3	R4	R5	R6	R7	R8
Autre	ns	A	A	A	A	A	A	A	A
DC total	0,0001	B	A	A	AB	B	AB	B	B
T total	<0,0001	A	BC	C	ABC	AB	BC	ABC	BC
macrophage total	ns	A	A	A	A	A	A	A	A
CD3-CD8+	<0,0001	B	AB	A	A	B	A	B	B
CD3-CD4+	ns	A	A	A	A	A	A	A	A
CD3+CD8+	0,0088	A	AB	B	AB	AB	AB	AB	AB
CD3+CD4+	<0,0001	A	C	C	BC	AB	C	AB	B
Mac-1+Ly6G+	0,0167	A	A	A	A	A	A	A	A
Mac-1+Ly6G-	ns	A	A	A	A	A	A	A	A

b. Facteurs	CD3-CD8+	CD3-CD4+	CD3+CD8+	CD3+CD4+	Mac-1+Ly6G+	Mac-1+Ly6G-
Lf	ns	ns	0,02	0,04	ns	ns
Pr	0,0004	ns	ns	0,0001	0,04	0,03
SM3	0,006	ns	ns	0,003	ns	ns
Lf*SM3	ns	ns	ns	ns	ns	ns
Pr*SM3	0,001	0,02	0,005	0,0001	ns	ns

Tableau 17 : Phénotypage des cellules des plaques de Peyer: Analyses statistiques.

Les ingrédients ajoutés au régime de base sont décrits au dessous de chaque régime : Lf : lactoferrine ; Pr : probiotiques ; SM3 : l'extrait de lait bovin contenant des lipides.

Les cellules CD3-CD8+ et CD3-CD4+ représentent les DCs; les cellules CD3+CD8+ représentent les Tc; les cellules CD3+CD4+ représentent les Th; les macrophages sont distingués par deux anticorps Mac-1+Ly6G+ pour les neutrophiles et Mac-1+Ly6G- pour les monocytes.

Analyse de variance à un/deux facteurs (GLM). p<0.05.

a. Classement des séries à l'aide d'un test de Ryan-Einot-Gabriel-Welsch (REGWQ, Logiciel SAS). Une même lettre désigne des régimes qui ne sont pas statistiquement différents pour le paramètre testé. A>B>C.

b. Le tableau de statistiques présente les effets des ingrédients mis en évidence par un test de Tukey. ns: non significatif.

IV-2.2 Effet des probiotiques

Le régime R2 contenant des probiotiques (**figure 16-C** et **tableau 17**) conduit à une diminution significative ($p<0,05$) du pourcentage des cellules T ($CD3^+$). Cette diminution est due à une diminution significative ($p<0,05$) des cellules $CD3^+CD4^+$ (Th) et une diminution non significative ($p>0,05$) des cellules $CD3^+CD8^+$ (Tc).

Ce régime R2 augmente significativement ($p<0,05$) le pourcentage des DC par rapport au témoin R1. Cette augmentation significative des DC résulte d'une tendance à l'augmentation non significative ($p>0,05$) des sous populations $CD3^-CD8^+$ et $CD3^-CD4^+$ (**figure 16-C**). Les autres populations cellulaires n'ont pas été modifiées par ce régime.

IV-2.3 Effet du SM3

Le régime à 11% de SM3 est statistiquement identique au régime témoin R1 vis à vis du pourcentage des différentes populations et sous populations étudiées (**figure 16-D**). Par contre, le régime à 20% de SM3 modifie significativement le pourcentage de plusieurs populations et sous populations (**figure 16-E**). Il augmente le pourcentage des cellules dendritiques totales et $CD3^-CD8^+$. Il diminue celui des lymphocytes T totaux, $CD3^+CD4^+$ et $CD3^+CD8^+$. Nous observons donc un effet dose du SM3, seul le régime le plus riche en SM3 entraîne des modifications significatives de ces populations cellulaires.

IV-2.4 Interaction de la lactoferrine et du SM3

Nous n'observons aucune interaction entre la lactoferrine et le SM3 pour les paramètres de phénotypage retenus (**tableau 17**).

IV-2.5 Interaction des probiotiques et du SM3

Seules les deux sous populations de cellules phagocytaires ne montrent pas d'interaction entre le SM3 et les probiotiques. La population Th (CD3$^+$CD4$^+$) montre l'interaction la plus forte (p=0,0001) suivie de la sous population de cellules dendritiques CD3$^-$CD8$^+$ (p=0,004) (**tableau 17b**). Les deux sous populations Tc (CD3$^+$CD8$^+$) et CD3$^-$CD4$^+$ (cellules dendritiques) montrent des interactions plus faibles, respectivement p=0,01 et p=0,04. Pour ces sous populations, l'effet du régime enrichi en probiotiques n'est pas tout à fait le même selon que les souris consomment ou non du SM3 et réciproquement. Cependant l'effet probiotique semble prédominant car pour les régimes enrichis avec les deux nutriments les pourcentages de populations ne sont pas statistiquement différents de ceux du régime enrichi avec les probiotiques ce qui n'est pas le cas avec les régimes enrichis en SM3. Autrement dit, les résultats des régimes enrichis avec les deux nutriments sont plus proches de ceux du régime enrichi avec les probiotiques que de ceux du régime enrichi avec le SM3.

V Effet des régimes sur les activités phagocytaires

L'activité phagocytaire est déterminée en mettant en contact les cellules extraites de la rate et des plaques des Peyer marquées avec les anticorps anti-Mac-1 et anti-Ly-6G et *E. coli* marqué au FITC. Les deux anticorps permettent de distinguer les neutrophiles (Mac-1$^+$Ly6G$^+$) et les monocytes (Mac-1$^+$Ly6G$^-$). Les bactéries fluorescentes incorporées dans ces cellules permettent de mesurer l'activité phagocytaire de ces populations cellulaires. De plus l'intensité de la fluorescence mesurée permet de déterminer si ces cellules sont plus ou moins actives (MFI) selon les régimes. Les données obtenues en cytométrie en flux sont présentées dans la **figure 17 (a, b, c et d)** pour la rate et la **figure 18 (a et b)** pour les plaques de Peyer.

V-1 Dans la rate

En comparant simultanément les 8 régimes, la lactoferrine bovine alimentaire n'induit pas de différence significative de l'activité phagocytaire. Par contre l'intensité moyenne de bactéries phagocytées par cellules (MFI) de neutrophiles est significativement augmentée par la lactoferrine (p=0,003).

Les probiotiques ne modifient pas le pourcentage de neutrophiles spléniques qui phagocytent ni le nombre moyen de bactéries phagocytées par cellule (MFI). Cependant, le pourcentage de monocytes qui phagocytent est significativement augmenté en présence de probiotiques dans les régimes (p<0,0001).

Dans la rate, les régimes enrichis en SM3 ont tendance à diminuer les activités des neutrophiles et à augmenter celles des monocytes même si ce n'est pas de façon significative. Ces légères modulations du pourcentage de cellules phagocytaires ne s'accompagnent pas de modifications de leurs activités individuelles (MFI).

L'association de la lactoferrine et le SM3 n'a aucune influence sur les activités phagocytaires. Dans le cas du régime R6 (SM3 11% + probiotiques) nous observons au contraire une augmentation de ces activités. Une interaction entre les probiotiques et le SM3 a été mise en évidence. La présence de probiotiques et de SM3 augmente le pourcentage de monocytes (p<0,0001) et de neutrophiles (p=0,001) qui phagocytent. Par

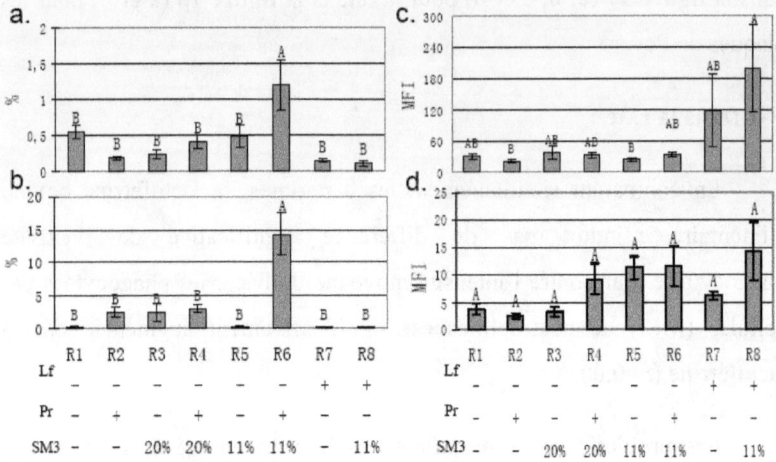

R1	R2	R3	R4	R5	R6	R7	R8
Lf						+	+
−	−	−	−	−	−	+	+
Pr −	+	−	+	−	+	−	−
SM3 −	−	20%	20%	11%	11%	−	11%

Statistiques

Ingrédients		a.	b.	c.	d.
Pr	p	= ns	< 0,0001	= ns	= ns
SM3	p	= 0,0004	< 0,0001	= ns	= ns
Pr*SM3	p	= 0,001	< 0,0001	= ns	= ns
Lf	p	= ns	= ns	= 0,003	= ns
SM3*Lf	p	= ns	= ns	= ns	= ns

Figure 17 : Effet des régimes sur (a) le pourcentage de neutrophiles phagocytant E. coli (Mac-1+ Ly6G+ E. coli+), (b) le pourcentage de monocytes phagocytant E. coli (Mac-1+ Ly6G- E. coli+), (c) le MFI des neutrophiles et (d) le MFI des monocytes de la rate (mesures en cytométrie en flux).

Les ingrédients ajoutés au régime de base sont décrits au dessous de chaque régime : Lf : lactoferrine ; Pr : probiotiques ; SM3 : l'extrait de lait bovin contenant des lipides.

Les résultats présentés sont des moyennes des souris et des écart-types de moyenne sont représentés par les barres d'erreur.

Analyse de variance à un/deux facteurs (GLM). p<0,05. ns: non significatif.

Classement des séries à l'aide d'un test de Ryan-Einot-Gabriel-Welsch (REGWQ, Logiciel SAS). Une même lettre désigne des régimes qui ne sont pas statistiquement différents pour le paramètre testé. A>B>C.

Le tableau de statistiques présente les effets des ingrédients mis en évidence par un test de Tukey.

a.

1,2
0,9
0,6
0,3
0

Statistiques

Pr	p	=	ns
SM3	p	=	ns
Pr*SM3	p	=	ns
Lf	p	=	ns
SM3*Lf	p	=	ns

b.

20
15
10
5
0

Pr	p	=	0,03
SM3	p	=	ns
Pr*SM3	p	=	ns
Lf	p	=	ns
SM3*Lf	p	=	ns

	R1	R2	R3	R4	R5	R6	R7	R8
Lf	–	–	–	–	–	–	+	+
Pr	–	+	–	+	–	+	–	–
SM3	–	–	20%	20%	11%	11%	–	11%

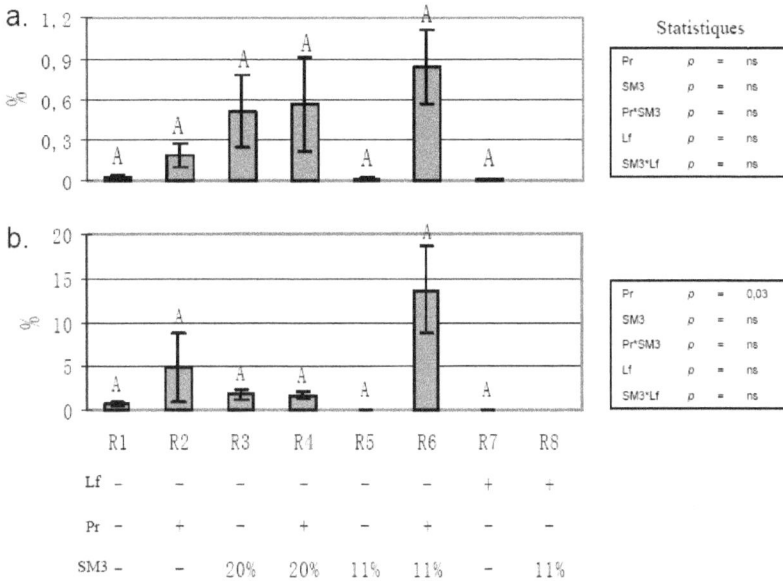

Figure 18 : Effet des régimes sur le pourcentage de (a) neutrophiles phagocytant E. coli (Mac-1+ Ly6G+ E. coli+), (b) monocytes phagocytant E. coli (Mac-1+ Ly6G- E. coli+) des plaques de Peyer (mesures en cytométrie en flux).

Les ingrédients ajoutés au régime de base sont décrits au dessous de chaque régime : Lf : lactoferrine ; Pr : probiotiques ; SM3 : l'extrait de lait bovin contenant des lipides.

Les résultats présentés sont des moyennes des souris et des écart-types de moyenne sont représentés par les barres d'erreur.

Analyse de variance à un/deux facteurs (GLM). p<0,05. ns: non significatif.

Classement des séries à l'aide d'un test de Ryan-Einot-Gabriel-Welsch (REGWQ, Logiciel SAS). Une même lettre désigne des régimes qui ne sont pas statistiquement différents pour le paramètre testé. A>B>C.

Le tableau de statistiques présente les effets des ingrédients mis en évidence par un test de Tukey.

contre, l'activité individuelle de chaque cellule phagocytaire n'est pas modifiée.

V-2 Dans les plaques des Peyer

Aucune différence significative des activités des cellules phagocytaires des plaques de Peyer n'est observée dans les régimes contenant de la lactoferrine et/ou du SM3. La consommation des probiotiques augmente le pourcentage de monocytes qui phagocytent (p=0,03) mais pas celui des neutrophiles. Aucune interaction n'est observée entre le SM3 avec la lactoferrine ou les probiotiques. Le nombre moyen de bactéries phagocytées par cellules (MFI) n'a pas pu être analysé à cause de la faiblesse des absorbances.

VI Effet des régimes sur l'activité NK

Les résultats des mesures de l'activité cytotoxique des cellules NK obtenues pour chacun des régimes étudiés sont montrés dans le **tableau 18**. Pour certains des prélèvements de rate et de plaques de Peyer nous n'avons pas obtenu suffisamment de cellules pour effectuer les mesures en cytomètrie de flux. Aucun effet significatif n'est observé entre des régimes. Cependant, il faut noter que les faibles effectifs ($n \leq 6$) ne permettent pas une analyse statistique rigoureuse.

VII Effet des régimes sur le bilan lipidique sanguin

Afin de mettre en évidence un éventuel effet des régimes étudiés sur les taux de cholestérol nous avons dosé les concentrations de cholestérol total, de cholestérol HDL_{ch} et des triglycérides sanguins des souris après 42 jours de régime. Les concentrations de NON-HDL cholestérol (associé aux LDL + VLDL + IDL) et le rapport $NON-HDL_{ch}/HDL_{ch}$ ont été calculées.

Les résultats sont présentés dans le **figure 19** pour (a) la concentration de cholestérol total sanguin, (b) la concentration de HDL_{ch} sanguin et (c) le rapport $NON\text{-}HDL_{ch}/HDL_{ch}$.

Régimes				Rate		Plaques de Peyer	
	Lf	Pr	SM3	n	lyse-spécifique	n	lyse-spécifique
R1	-	-	-	5	0,94 ± 0,52	2	1,08 ± 0,65
R2	-	+	-	3	2,99 ± 2,4	2	7,5 ± 2,86
R3	-	-	20%	6	8,01 ± 2,33	2	3,98 ± 0,59
R4	-	+	20%	5	5,7 ± 1,2	0	- ± -
R5	-	-	11%	3	0,75 ± 0,25	1	0,57 ± -
R6	-	+	11%	1	0,47 ± -	0	- ± -
R7	+	-	-	1	0,41 ± -	1	0,51 ± -
R8	+	-	11%	2	1,06 ± 0,1	0	- ± -

Tableau 18 : Effet des régimes sur l'activité cytotoxique NK dans la rate et les plaques de Peyer (mesures en cytométrie en flux).

Les ingrédients ajoutés au régime de base sont décrits à côté de chaque régime : Lf : lactoferrine ; Pr : probiotiques ; SM3 : l'extrait de lait bovin contenant des lipides.

Les résultats présentés sont des moyennes des souris et des écart-types de moyenne.

n : le nombre de souris dont l'activité NK a été observée.

Les ingrédients testés seuls ou en association n'ont pas eu d'effet significatif sur les concentrations en triglycérides sanguins, sauf les

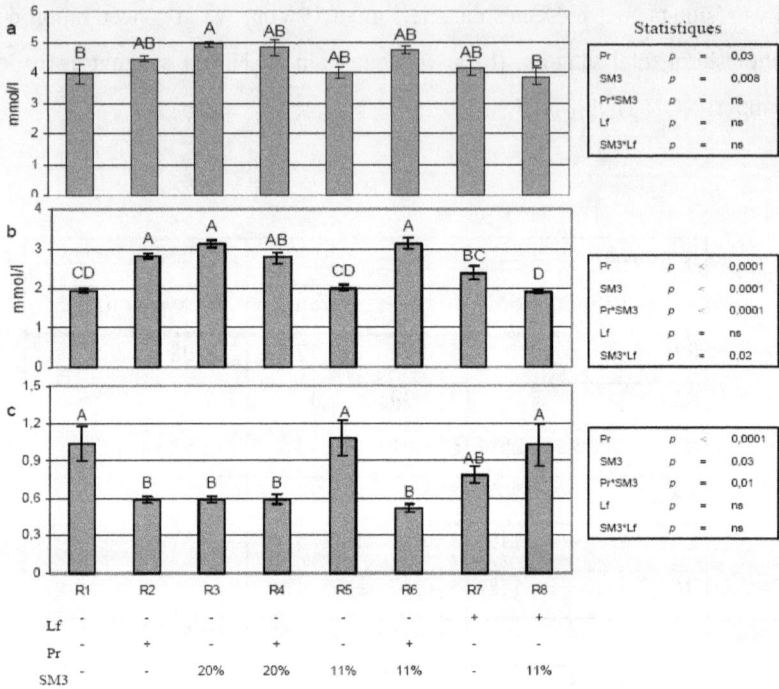

Figure 19 : Effet des régimes sur (a) la concentration en cholestérol total sanguin, (b) la concentration en HDLch et (c) le rapport NON-HDLch/HDLch.

Les ingrédients ajoutés au régime de base sont décrits au dessous de chaque régime : Lf : lactoferrine ; Pr : probiotiques ; SM3 : l'extrait de lait bovin contenant des lipides.

Les résultats présentés sont des moyennes des souris et des écart-types de moyenne sont représentés par les barres d'erreur.

Analyse de variance à un/deux facteurs (GLM). p<0,05. ns: non significatif.

Classement des séries à l'aide d'un test de Ryan-Einot-Gabriel-Welsch (REGWQ, Logiciel SAS). Une même lettre désigne des régimes qui ne sont pas statistiquement différents pour le paramètre testé. A>B>C.

Le tableau de statistiques présente les effets des ingrédients mis en évidence par un test de Tukey.

probiotiques qui ont diminué significativement ($p=0,02$) la concentration du NON-HDL$_{ch}$ (**Annexe 3**).

Nous n'observons aucun effet de la lactoferrine sur tous les paramètres mesurés.

Les régimes contenant des probiotiques augmentent du cholestérol total ($p=0,03$). Cependant nous notons également que cette augmentation est due à l'augmentation du HDL$_{ch}$ ($p<0,0001$). Par conséquent, le rapport NON-HDL$_{ch}$/HDL$_{ch}$ est abaissé de manière significative ($p<0,0001$).

Pour étudier l'effet dose du SM3 sur le cholestérol sanguin, deux régimes à teneur différente en SM3 ont été testés : R5 (11%) et R3 (20%). Aucune différence significative n'est mise en évidence pour la dose faible. Par contre, avec le régime R3 (forte dose de SM3) le taux de cholestérol total ($p<0,05$) et le taux de HDL$_{ch}$ sont significativement augmentés ($p<0,05$). Avec ce régime, le rapport NON-HDL$_{ch}$/HDL$_{ch}$ est significativement diminué ($p=0,03$). Le SM3 a donc un effet dose dépendant sur les taux de cholestérol sanguin.

Aucune interaction statistiquement significative n'est observée sur les effets de la consommation de lactoferrine et du SM3 sur les différents paramètres sanguins mesurés. L'absence d'interaction signifie que les effets de la lactoferrine sur les taux de cholestérol est le même que les souris aient consommé ou non du SM3 et réciproquement.

Une interaction significative ($p<0,0001$) d'association des probiotiques et des SM3 sur le HDL$_{ch}$ est observée. L'effet du SM3 sur le HDL$_{ch}$ est dose dépendant, seul le régime à 20% de SM3 augmente ce taux significativement. Les probiotiques augmentent aussi le taux du

HDL$_{ch}$. L'association des probiotiques avec le SM3 à 11% renforce cette augmentation de la concentration en HDL$_{ch}$ alors que l'association des probiotiques avec le régime à 20% de SM3 diminue légèrement cette augmentation (de A à AB du classement) qui reste néanmoins toujours significative par rapport au régime témoin. Les probiotiques et le SM3 (seulement à la dose 20%) diminuent le rapport NON-HDL$_{ch}$/HDL$_{ch}$ en augmentant le taux de HDL$_{ch}$ comme cela a été décrit précédemment. Bien que l'interaction de ces ingrédients soit significative (p=0,03), aucun effet synergique n'a été observée avec ce paramètre. Nous n'observons pas d'interaction entre les probiotiques et le SM3 sur la concentration de cholestérol total et celui de NON-HDL$_{ch}$ ce qui signifie que les effets des probiotiques sur ces paramètres sont les mêmes que les souris aient consommé ou non du SM3.

VIII Etude des corrélations entre les paramètres mesurés dans cette étude

Nous disposons d'un nombre important de souris (n=80). Les différents paramètres mesurés ne sont peut être pas complètement indépendants. Aussi il nous paraît intéressant de rechercher, pour chaque souris des corrélations entre ces différents paramètres, et ceci, indépendamment des régimes. Ces résultats de corrélations pourront être intégrés au modèle admis actuellement de fonctionnement du système immunitaire.

Comme nous ne disposons de la totalité des paramètres qu'au moment du sacrifice, nous effectuerons les corrélations en utilisant les résultats observés en fin de régime (J42).

VIII-1 Corrélations entre les bactéries et les paramètres immunitaires

Nous avons d'abord recherché des corrélations entre les paramètres immunologiques et les numérations bactériennes. Dans ces analyses, les populations bactériennes sont celles effectivement mesurées dans les fèces des souris.

VIII-1.1 Corrélations entre les bactéries et les anticorps

Le **tableau 19** présente les coefficients de corrélations entre les numérations bactériennes et les concentrations en anticorps. Les IgA et IgG sériques sont positivement corrélées aux dénombrements bactériens (lactobacilles et bifidobactéries) alors que les IgM le sont négativement. Au niveau des immunoglobulines fécales, seules les IgA sont négativement corrélées aux deux populations bactériennes. Les IgM fécales sont négativement corrélées uniquement avec les bifidobactéries.

Bactéries	Milieu de culture		Ig totales sériques			Ig totales fécales		
			IgA	IgG	IgM	IgA	IgG	IgM
Lactobacilles	MRS	R	0,53	0,5	-0,43	-0,38	-0,09	-0,23
		p	<0,0001	<0,0001	0,0007	0,003	ns	ns
	Rogosa	R	0,58	0,41	-0,38	-0,47	-0,23	-0,19
		p	<0,0001	0,001	0,0026	0,0002	ns	ns
Bifidobactéries	MW	R	0,57	0,42	-0,7	-0,44	-0,17	-0,42
		p	<0,0001	0,0007	<0,0001	0,0005	ns	0,0009

Tableau 19 : Corrélations entre les dénombrements bactériens fécaux et les taux des immunoglobulines.

R : coefficient de corrélation de Pearson. p<0,05.

■ *corrélation positive ;* ▨ *corrélation négative ; ns : non significatif.*

VIII-1.2 Corrélations entre les bactéries et les phénotypages cellulaires

Les coefficients de corrélation entre les dénombrements bactériens et les différents phénotypes cellulaires mis en évidence dans cette étude sont montrés dans le **tableau 20**.

a. Bactéries	Milieu de culture		$CD3^-$ $CD8^+$	$CD3^-$ $CD4^+$	$CD3^+$ $CD8^+$	$CD3^+$ $CD4^+$	$Mac-1^+$ $Ly6G^+$	$Mac-1^+$ $Ly6G^-$
Lactobacilles	MRS	R	0,45	-0,58	0,05	-0,1	0,35	0,24
		p	<0,0001	<0,0001	ns	ns	0,002	0,03
	Rogosa	R	0,48	-0,49	0,04	-0,11	0,26	0,27
		p	<0,0001	<0,0001	ns	ns	0,02	0,02
Bifidobactéries	MW	R	0,64	-0,68	-0,04	-0,08	0,45	0,33
		p	<0,0001	<0,0001	ns	ns	<0,0001	0,004

b. Bactéries	Milieu de culture		$CD3^-$ $CD8^+$	$CD3^-$ $CD4^+$	$CD3^+$ $CD8^+$	$CD3^+$ $CD4^+$	$Mac-1^+$ $Ly6G^+$	$Mac-1^+$ $Ly6G^-$
Lactobacilles	MRS	R	0,52	0,03	-0,02	-0,45	0,35	0,39
		p	<0,0001	ns	ns	0,0003	0,02	0,007
	Rogosa	R	0,48	0,08	-0,14	-0,52	0,28	0,32
		p	<0,0001	ns	ns	<0,0001	ns	0,03
Bifidobactéries	MW	R	0,61	0,1	-0,14	-0,56	0,32	0,34
		p	<0,0001	ns	ns	<0,0001	0,03	0,02

Tableau 20 : Corrélations entre les dénombrements bactériens fécaux et le phénotypage de cellules immunitaires dans la rate (a) et dans les plaques de Peyer (b).

R : coefficient de corrélation de Pearson. p<0,05.

■ *corrélation positive ;* ■ *corrélation négative ; ns : non significatif.*

Dans la rate, une corrélation positive entre les numérations bactériennes et le pourcentage des cellules CD8$^+$ (sous population CD3$^-$ CD8$^+$) et une corrélation négative entre les bactéries et le pourcentage des cellules CD4$^+$ (sous population CD3$^-$CD4$^+$) sont observées. Ces deux sous populations constituent 75% environ des cellules dendritiques de la rate (Johansson and Kelsall 2005) et ne sont pas totalement indépendantes puisque nous mesurons les cellules CD8$^+$ et CD4$^+$ parmi les cellules CD3$^-$. Il est donc normal que l'une des populations augmente en pourcentage pendant que l'autre diminue. Les autres sous populations non mesurées sont les cellules dendritiques doubles négatives CD3$^-$CD4$^-$CD8$^-$ (des DC CD11b$^+$ et CD11b$^-$). Par contre, les lymphocytes T ne présentent aucune corrélation avec la flore lactobacille ou bifidobactérie. Ces résultats confirment nos observations précédentes, à savoir que les probiotiques mis en œuvre dans cette étude ont modifié la répartition des cellules dendritiques mais pas celle des cellules lymphocytes T dans la rate. Les monocytes et les neutrophiles présentent eux des corrélations, faibles avec les lactobacilles, fortes avec les bifidobactéries.

Au niveau des plaques de Peyer, les corrélations observées sont différentes : fortes pour les cellules dendritiques CD3$^-$CD8$^+$ et les lymphocytes Th CD3$^+$CD4$^+$, faibles pour les neutrophiles (Mac-1$^+$ Ly6G$^+$) et les monocytes (Mac-1$^+$ Ly6G$^-$).

Les populations leucocytaires apparaissent donc différemment corrélées avec les populations de lactobacilles et de bifidobactéries selon les organes lymphoïdes secondaires.

VIII-1.3 Corrélations entre les bactéries et l'activité phagocytaire

Le **tableau 21** rassemble les coefficients de corrélation calculés entre les numérations bactériennes et les mesures des activités phagocytaires des monocytes et des neutrophiles. Au niveau de la rate, l'activité phagocytaire des monocytes est fortement corrélée aux deux populations bactériennes ($p<0,0001$). Au contraire l'activité phagocytaire des neutrophiles est faiblement corrélée à ces populations ($p=0,01$). Nous n'avons pas mis en évidence entre l'activité individuelle des cellules phagocytaires (MFI) et les lactobacilles ou bifidobactéries fécaux.

Au niveau des plaques de Peyer, nous observons une faible corrélation de l'activité phagocytaire des neutrophiles avec les lactobacilles uniquement lorsque ces derniers sont dénombrés sur milieu MRS, alors que les monocytes montrent une activité phagocytaire faiblement corrélée avec les deux populations bactériennes.

a. Bactéries	Milieu de culture		Rate			
			$Mac\text{-}1^+ Ly6G^+$ $E.\ coli^+$		$Mac\text{-}1^+ Ly6G^-$ $E.\ coli^+$	
			%	MFI	%	MFI
Lactobacilles	MRS	R	0,29	0,03	0,42	0,03
		p	0,01	ns	0,0002	ns
	Rogosa	R	0,29	0,03	0,47	0,19
		p	0,01	ns	<0,0001	ns
Bifidobactéries	MW	R	0,3	-0,21	0,52	-0,05
		p	0,01	ns	<0,0001	ns

b. Bactéries	Milieu de culture		Mac-1$^+$ Ly6G$^+$ E. coli$^+$ %	Mac-1$^+$ Ly6G$^-$ E. coli$^+$ %
			PP	
Lactobacilles	MRS	R	0,32	0,38
		p	0,03	0,01
	Rogosa	R	0,27	0,31
		p	ns	0,04
Bifidobactéries	MW	R	0,25	0,33
		p	ns	0,02

Tableau 21 : Corrélations entre les dénombrements bactériens fécaux et l'activité phagocytaire des neutrophiles et des monocytes dans la rate (a) et les plaques de Peyer (b) des souris.

R : coefficient de corrélation de Pearson. p<0,05.

▨ *corrélation positive ;* ▨ *corrélation négative ; ns : non significatif.*

VIII-1.4 Corrélation entre les bactéries et l'activité NK

A l'analyse du **tableau 22**, nous constatons que la population des bifidobactéries présente une corrélation positive avec l'activité cytotoxique des cellules NK des plaques de Peyer. Aucune autre corrélation avec les populations bactériennes n'est observée que ce soit au niveau des plaques de Peyer ou de la rate.

Bactéries	Milieu de culture	Lyse spéciale	
		Rate	pp
Lactobacilles	MRS	R 0,31	0,64
		p ns	ns
	Rogosa	R 0,16	0,46
		p ns	ns
Bifidobactéries	MW	R 0,33	0,88
		p ns	0,004

Tableau 22 : Corrélations entre les dénombrements bactériens fécaux et l'activité NK dans la rate et les plaques de Peyer des souris.

La lyse spéciale correspond à la différence entre la lyse des YAC1 en présence de cellules NK et la lyse des YAC1 en absence de cellules NK.

R : coefficient de corrélation de Pearson. p<0,05.

■ *corrélation positive ;* ■ *corrélation négative ; ns : non significatif.*

VIII-1.5 Corrélations entre les bactéries et le cholestérol sanguin

Les deux populations bactériennes sont positivement et fortement corrélées avec les concentrations en triglycérides et en HDL_{ch} et négativement et fortement corrélées avec le rapport NON-HDL_{ch} sur HDL_{ch}. Elles sont faiblement corrélées avec la concentration de cholestérol total et seules les bifidobactéries sont négativement et fortement corrélées avec les taux de NON-HDL_{ch} (**tableau 23a**).

La concentration de cholestérol total est fortement et positivement ($p<0,0001$) corrélée avec la concentration de HDL_{ch} et NON-HDL_{ch}, et

a. Bactéries	Milieu de culture		Cholestérol				Triglycérides
			Total	HDL$_{ch}$	NON-HDL$_{ch}$	NON-HDL$_{ch}$/HDL$_{ch}$	
Lactobacilles	MRS	R	0,33	0,51	-0,26	-0,42	0,42
		p	0,01	0,0002	ns	0,0022	0,002
	Rogosa	R	0,37	0,56	-0,22	-0,44	0,4
		p	0,01	<0,0001	ns	0,0013	0,003
Bifidobactéries	MW	R	0,32	0,58	-0,38	-0,57	0,31
		p	0,02	<0,0001	0,006	<,0001	0,02

b.		Cholestérol total	Triglycérides	HDL$_{ch}$	NON-HDL$_{ch}$	NON-HDL$_{ch}$/HDL$_{ch}$
Cholestérol total	R	-	–	–	–	–
	p	–	–	–	–	–
Triglycérides	R	0,24	–	–	–	–
	p	0,05	–	–	–	–
HDL$_{ch}$	R	0,68	0,28	–	–	–
	p	<0,0001	0,02	–	–	–
NON-HDL$_{ch}$	R	0,6	0,02	-0,18	–	–
	p	<0,0001	ns	ns	–	–
NON-HDL$_{ch}$/HDL$_{ch}$	R	0,11	-0,14	-0,65	0,85	–
	p	ns	ns	<0,0001	<0,0001	–

Tableau 23 : Corrélations entre les numérations bactériennes et des lipides sanguins (a) et corrélations entre les différents types de lipides sanguins (b).

R : coefficient de corrélation de Pearson. p<0,05.

■ corrélation positive ; ▥ corrélation négative ; ns : non significatif.

positivement et faiblement corrélée ($p=0,05$) avec la concentration de TG. La concentration de TG est positivement corrélée avec celle de HDL$_{ch}$. Le rapport NON-HDL$_{ch}$ /HDL$_{ch}$ est, logiquement, positivement ($p<0,0001$) corrélé avec la concentration de NON-HDL$_{ch}$, et contrairement négativement ($p<0,0001$) corrélé avec la concentration de HDL$_{ch}$ (tableau 23b).

VIII-2 Corrélation entre les activités du système immunitaire

VIII-2.1 Corrélations entre les immunoglobulines

Le taux des IgA sériques est positivement corrélé à celui des IgG sériques et inversement corrélé aux taux des IgM sériques et IgA fécales (**tableau 24**). La concentration moyenne en IgA fécales est également positivement corrélée à la concentration moyenne en IgM sériques et inversement corrélé à celle des IgG sériques. De plus, les taux des IgM sériques et fécales sont également corrélés.

			Ig totales sériques			Ig totales fécales		
			IgA	IgG	IgM	IgA	IgG	IgM
sériques	IgA	R	-	-	-	-	-	-
		p	-	-	-	-	-	-
	IgG	R	0,53	-	-	-	-	-
		p	<0,0001	-	-	-	-	-
	IgM	R	-0,39	-0,07	-	-	-	-
		p	0,002	ns	-	-	-	-
fécales	IgA	R	-0,72	-0,30	0,50	-	-	-
		p	<0,0001	0,02	<0,0001	-	-	-
	IgG	R	-0,17	0,07	-0,01	0,004	-	-
		p	ns	ns	ns	ns	-	-
	IgM	R	-0,04	0,003	0,55	0,24	-0,03	-
		p	ns	ns	<0,0001	ns	ns	-

Tableau 24 : Corrélations entre les immunoglobulines.

R : coefficient de corrélation de Pearson. $p<0,05$.

■ *corrélation positive ;* ■ *corrélation négative ; ns : non significatif.*

VIII-2.2 Corrélations entre les immunoglobulines et les phénotypages cellulaires

Les coefficients de corrélation calculés entre les immunoglobulines (sériques et fécales) et les phénotypes des cellules immunitaires recherchés dans cette étude sont présentés dans le **tableau 25**.

a.		Ig totales sériques			Ig totales fécales		
		IgA	IgG	IgM	IgA	IgG	IgM
CD3⁻CD8⁺	R	0,43	0,34	-0,42	-0,46	-0,28	-0,21
	p	<0,0001	0,002	0,0002	<0,0001	0,01	ns
CD3⁻CD4⁺	R	-0,56	-0,28	0,56	0,33	0,27	0,33
	p	<0,0001	0,01	<0,0001	0,003	0,02	0,003
CD3⁺CD8⁺	R	-0,02	0,04	0,11	0,05	0,001	0,13
	p	ns	ns	ns	ns	ns	ns
CD3⁺CD4⁺	R	-0,19	-0,14	-0,02	0,06	0,2	-0,05
	p	ns	ns	ns	ns	ns	ns
Mac-1⁺ Ly6G⁺	R	0,21	0,07	-0,37	-0,17	-0,28	-0,29
	p	ns	ns	0,001	ns	0,01	0,01
Mac-1⁺ Ly6G⁻	R	0,29	0,12	-0,23	-0,26	-0,22	-0,2
	p	0,01	ns	0,04	0,02	ns	ns

b.		Ig totales sériques			Ig totales fécales		
		IgA	IgG	IgM	IgA	IgG	IgM
CD3⁻CD8⁺	R	0,46	0,21	-0,51	-0,43	-0,13	-0,22
	p	0,0002	ns	<0,0001	0,001	ns	ns
CD3⁻CD4⁺	R	-0,05	0,001	-0,11	-0,18	0,09	-0,07
	p	ns	ns	ns	ns	ns	ns
CD3⁺CD8⁺	R	-0,19	-0,07	0,13	0,1	-0,07	0,006
	p	ns	ns	ns	ns	ns	ns
CD3⁺CD4⁺	R	-0,52	-0,19	0,47	0,39	0,07	0,2
	p	<0,0001	ns	0,0001	0,002	ns	ns
Mac-1⁺ Ly6G⁺	R	0,36	0,4	-0,08	-0,27	0,03	0,18
	p	0,01	0,01	ns	ns	ns	ns
Mac-1⁺ Ly6G⁻	R	0,24	0,34	-0,08	-0,18	0,38	0,09
	p	ns	0,02	ns	ns	0,01	ns

Tableau 25 : Corrélations entre les phénotypages cellulaires et les immunoglobulines sériques et fécales dans la rate (a) et les plaques de Peyer (b).

R : coefficient de corrélation de Pearson. p<0,05.

■ *corrélation positive ;* ■ *corrélation négative ; ns : non significatif.*

Au niveau de la rate, les taux des immunoglobulines, à l'exception de ceux des IgM fécales, sont corrélés, positivement ou négativement, avec les numérations des deux sous populations de cellules dendritiques. Par contre nous ne mettons pas en évidence de corrélation avec les lymphocytes Th et Tc. La concentration en IgA sériques est positivement corrélée au nombre de monocytes spléniques, alors que les concentrations en IgM sériques et en IgA et IgG fécales sont inversement corrélées à la numération de cette sous population. Les concentrations en IgM sériques et IgG et IgM fécales sont inversement corrélées aux taux des neutrophiles spléniques.

Le pourcentage de cellules dendritiques CD3⁻CD8⁺ des plaques de Peyer est positivement corrélé aux IgA sériques et négativement corrélé aux taux des IgM sériques et des IgA fécales. Les concentrations en Th sont, quant à elles, négativement corrélées au taux des IgA sériques et positivement corrélées aux taux des IgM sériques et des IgA fécales. En ce qui concerne les concentrations des populations des cellules phagocytaires des plaques de Peyer, celles des neutrophiles sont positivement corrélées aux taux des IgA et IgG sériques alors que celles des monocytes sont positivement corrélées aux taux des IgG sériques et fécales.

VIII-2.3 Corrélations entre les immunoglobulines et l'activité phagocytaire

L'activité phagocytaire des monocytes de la rate est positivement corrélée aux concentrations des IgA et des IgG sériques et négativement corrélée aux IgM sériques et IgA, IgG et IgM fécales (**tableau 26**). L'activité phagocytaire des neutrophiles est corrélée uniquement aux concentrations des IgG : positivement pour les IgG sériques et négativement pour les IgG fécales. Pour les cellules isolées à partir des plaques de Peyer, seule l'activité phagocytaire des monocytes est positivement corrélée aux concentrations des IgG sériques et fécales.

			Ig totales sériques			Ig totales fécales		
			IgA	IgG	IgM	IgA	IgG	IgM
Rate	% : Mac-1$^+$ Ly6G$^+$ E. coli$^+$	R	0,1	0,23	-0,15	-0,07	-0,33	-0,16
		p	ns	ns	ns	ns	0,003	ns
	% : Mac-1$^+$ Ly6G$^-$ E. coli$^+$	R	0,31	0,4	-0,28	-0,31	-0,26	-0,3
		p	0,005	0,0003	0,01	0,006	0,02	0,01
	MFI : Mac-1$^+$ Ly6G$^+$	R	-0,12	-0,13	0,32	0,02	0,29	-0,0006
		p	ns	ns	0,005	ns	0,01	ns
	MFI : Mac-1$^+$ Ly6G$^-$	R	-0,04	0,21	0,09	0,18	-0,08	-0,04
		p	ns	ns	ns	ns	ns	ns
PP	% : Mac-1$^+$ Ly6G$^+$ E. coli$^+$	R	0,25	0,06	-0,1	-0,29	0,09	0,08
		p	ns	ns	ns	ns	ns	ns
	% : Mac-1$^+$ Ly6G$^-$ E. coli$^+$	R	0,25	0,41	-0,06	-0,18	0,42	0,14
		p	ns	0,005	ns	ns	0,004	ns

Tableau 26 : Corrélations entre les activités phagocytaires des neutrophiles et des monocytes et les immunoglobulines.

R : coefficient de corrélation de Pearson. p<0,05.

■ *corrélation positive ;* ▨ *corrélation négative ; ns : non significatif.*

VIII-2.4 Corrélations entre les sous populations cellulaires

Le **tableau 27** rassemble les coefficients de corrélation calculés entre les différents phénotypes cellulaires mis en évidence dans la rate et les plaques de Peyer.

a.		CD3⁻ CD8⁺	CD3⁻ CD4⁺	CD3⁺CD8⁺	CD3⁺CD4⁺	Mac-1⁺ Ly6G⁺	Mac-1⁺ Ly6G⁻
CD3⁻CD8⁺	R	-	-	-	-	-	-
	p	-	-	-	-	-	-
CD3⁻CD4⁺	R	-0,29	-	-	-	-	-
	p	0,01	-	-	-	-	-
CD3⁺CD8⁺	R	0,08	0,13	-	-	-	-
	p	ns	ns	-	-	-	-
CD3⁺CD4⁺	R	0,23	0,33	0,19	-	-	-
	p	0,04	0,003	ns	-	-	-
Mac-1⁺ Ly6G⁺	R	0,3	-0,43	-0,11	0,09	-	-
	p	0,01	0,001	ns	ns	-	-
Mac-1⁺ Ly6G⁻	R	0,33	-0,31	0,08	-0,1	0,32	-
	p	0,004	0,01	ns	ns	0,004	-

b.		CD3⁻ CD8⁺	CD3⁻ CD4⁺	CD3⁺CD8⁺	CD3⁺CD4⁺	Mac-1⁺ Ly6G⁺	Mac-1⁺ Ly6G⁻
CD3⁻CD8⁺	R	-	-	-	-	-	-
	p	-	-	-	-	-	-
CD3⁻CD4⁺	R	0,28	-	-	-	-	-
	p	0,03	-	-	-	-	-
CD3⁺CD8⁺	R	-0,15	-0,07	-	-	-	-
	p	ns	ns	-	-	-	-
CD3⁺CD4⁺	R	-0,56	-0,1	0,64	-	-	-
	p	<0,0001	ns	<0,0001	-	-	-
Mac-1⁺ Ly6G⁺	R	0,28	-0,04	-0,03	-0,28	-	-
	p	ns	ns	ns	ns	-	-
Mac-1⁺ Ly6G⁻	R	0,13	-0,08	0,12	-0,13	0,62	-
	p	ns	ns	ns	ns	<0,0001	-

Tableau 27 : Corrélations entre les différents phénotypes cellulaires dans la rate (a) et les plaques de Peyer (b).

R : coefficient de corrélation de Pearson. p<0,05.

■ *corrélation positive ;* ■ *corrélation négative ; ns : non significatif.*

Les deux populations de cellules dendritiques des splénocytes sont corrélées entre elles et avec les autres populations leucocytaires étudiées sauf les sous populations CD3$^-$CD8$^+$ (cellules dendritiques) et Tc qui ne sont pas corrélées. Les corrélations peuvent être positives ou négatives. Les populations phagocytaires sont également corrélées entre elles. Dans le détail, les deux sous populations dendritiques sont négativement et faiblement corrélées (p= 0,01). Les taux de neutrophiles et les monocytes sont également négativement corrélés au taux des cellules dendritiques CD3$^-$CD4$^+$ (p=0,0001 et p=0,006). Toutes les autres corrélations sont positives. Les sous populations Th est donc corrélée uniquement avec les cellules dendritiques.

Les cellules des plaques de Peyer présentent moins de corrélations. Les deux populations phagocytaires sont corrélées entre elles (p<0,0001). Les Th et les Tc sont positivement et fortement corrélées entre elles (p<0,0001). Enfin les cellules dendritiques CD3$^-$CD8$^+$ sont positivement corrélées avec l'autre sous population de cellules dendritiques (p=0,03) et négativement corrélées aux Th (p<0,0001).

Nous avons également recherché si nous pouvions observer des corrélations entre le pourcentage d'un phénotype dans la rate et le pourcentage du même phénotype dans les plaques de Peyer. Les seules corrélations observées sont positives, elles concernent les cellules dendritiques CD3$^-$CD8$^+$ (p=0,002) et les lymphocytes Tc (p=0, 0002).

Ces sous populations sont majoritairement corrélées entre elles, soient positivement soient négativement. Il s'agit d'une observation attendue. Ces sous populations ne sont pas totalement indépendantes les unes des autres, répondant positivement ou négativement aux mêmes stimulis ou résultant de prolifération/différenciation suite à ces stimulis, en libérant de nouveaux médiateurs qui à leur tour vont agir sur des sous populations leucocytaires.

VIII-2.5 Corrélations entre les taux de cellules phagocytaires et leur activité (phagocytaire)

Le **tableau 28** présente les corrélations entre les taux de cellules phagocytaires et les activités phagocytaires mesurées dans la rate (a) et dans les PP (b). Toutes ces activités sont statistiquement et positivement corrélées. Le pourcentage de monocytes ou de neutrophiles qui phagocytent est directement lié au nombre de monocytes ou de neutrophiles dans ces deux organes.

a.		% Mac-1$^+$ Ly6G$^+$	% Mac-1$^+$ Ly6G$^-$
% Mac-1$^+$ Ly6G$^+$ E. coli$^+$	R	0,44	0,28
	p	<0,0001	0,02
% Mac-1$^+$ Ly6G$^-$ E. coli$^+$	R	0,38	0,48
	p	0,001	<0,0001

b.		% Mac-1$^+$ Ly6G$^+$	% Mac-1$^+$ Ly6G$^-$
% Mac-1$^+$ Ly6G$^+$ E. coli$^+$	R	0,85	0,56
	p	<0,0001	<0,0001
% Mac-1$^+$ Ly6G$^-$ E. coli$^+$	R	0,62	0,98
	p	<0,0001	<0,0001

Tableau 28 : Corrélations entre les pourcentages des neutrophiles (Mac-1$^+$Ly6G$^+$) et des monocytes (Mac-1$^+$Ly6G$^-$) et ceux des neutrophiles phagocytant E. coli (Mac-1$^+$Ly6G$^+$E. coli$^+$) et des monocytes phagocytant E. coli (Mac-1$^+$Ly6G$^-$E. coli$^+$) dans la (a) rate et (b) dans les plaques de Peyer.

R : coefficient de corrélation de Pearson. p<0,05.

■ *corrélation positive ;* ■ *corrélation négative ; ns : non significatif.*

DISCUSSION

L'objectif principal de cette thèse était d'étudier si l'ingestion de trois ingrédients la lactoferrine, des probiotiques et une fraction lipidique du lait bovin, le SM3, seul ou en association, modulent, directement ou par l'intermédiaire de la flore bactérienne, des activités immunitaires intestinales ou périphériques chez la souris BALB/c. Puisque parmi ces trois ingrédients étudiés nous trouvions des bactéries vivantes et un produit industriel riche en lipides, nous avons également évalué les effets de la consommation de ces ingrédients sur la composition de la flore fécale et le bilan lipidique sanguin. Ceci a été effectué dans une situation « normale » c'est-à-dire sur des animaux sains, avec accès libre à l'alimentation, sans gavage gastrique et avec des doses raisonnables c'est à dire physiologiques.

I Effets des ingrédients

I-1 Lactoferrine seule

I-1.1 Effet de la lactoferrine sur les lactobacilles et les bifidobactéries fécales

Dans ce travail, effectué sur des souris BALB/c, l'ingestion de lactoferrine 1% dans le régime de base n'a pas eu d'effet sur les taux de lactobacilles et de bifidobactéries fécales. Dans une autre étude, l'addition de lactoferrine (280 mg/100ml) dans des laits maternisés n'a pas affecté la concentration des bifidobactéries et des lactobacilles détectés dans les selles de nouveau-nés ayant reçu ces laits, mais a eu un effet sur celle d'*Escherichia coli* ou celle de *Streptococcus faecalis* (Balmer, Scott et al.

1989). L'addition de lactoferrine dans l'alimentation de nouveau-nés n'induit pas une évolution de leur microflore fécale vers celle d'un enfant nourri au sein. Cependant, la lactoferrine est considérée comme un facteur susceptible d'intervenir contre le développement bactérien au niveau des épithéliums sécréteurs. Elle exerce *in vitro* un effet bactériostatique à l'égard de la croissance des souches bactériennes à Gram positif comme *Streptococcus mutans* et à Gram négatif comme *Vibrio cholerae* (Brock 1980). Le mécanisme sous-jacent est vraisemblablement lié à la captation du fer par la lactoferrine, fer qui est nécessaire à la croissance bactérienne. En plus de ces propriétés chélatrices du fer, une interaction directe de la lactoferrine avec la surface bactérienne peut induire la libération de lipopolysaccharide (LPS), composant important de la paroi des bactéries à Gram négatif, ainsi qu'une altération de la perméabilité de leur membrane externe (Ellison, Giehl et al. 1988). Des peptides issus de la digestion enzymatique de la lactoferrine bovine tel que la lactoferrine B, par exemple, sont aussi dotés de propriétés antibactériennes. Cela suggère que l'activité antibactérienne de la lactoferrine est essentiellement due à la région N terminale (Hoek, Milne et al. 1997). Cette fonction antibactérienne pourrait s'exercer *in vivo*. En effet, l'administration de lactoferrine bovine (10 mg) par voie intraveineuse à des souris permet de les protéger contre une infection létale due à *Escherichia coli* (Zagulski, Lipinski et al. 1989).

I-1.2 Effet de la lactoferrine sur les paramètres immunitaires

Nous avons étudié le phénotypage de plusieurs types de cellules immunitaires dans la rate et les plaques de Peyer. Les cellules $CD3^+$ représentent tous les lymphocytes T. Classiquement, nous pouvons distinguer deux types de cellules T : des cellules $CD3^+CD8^+$ (les lymphocytes T cytotoxiques ou Tc) et des cellules $CD3^+CD4^+$ (les lymphocytes auxiliaires ou Th). La lactoferrine a modifié le phénotypage des lymphocytes T au niveau des plaques de Peyer. Elle a tendance (effet non significatif) à diminuer le pourcentage des sous populations $CD3^+CD8^+$ (Tc) et celui des sous populations $CD3^+CD4^+$ (Th). De plus la protéine a augmenté significativement les IgG totales dans les fèces ce qui montre qu'une stimulation des réponses humorales est introduite par cet ingrédient. Ces modifications de phénotypage des lymphocytes T ne sont pas observées au niveau de la rate ; les taux d'immunoglobulines ne sont pas affectés non plus dans le sang. L'effet de la lactoferrine par voie orale sur la maturation des lymphocytes et la synthèse d'immunoglobulines reste confiné au niveau local.

Lors des processus inflammatoires, des monocytes et des polynucléaires neutrophiles migrent vers les sites inflammatoires, la lactoferrine joue un double rôle régulateur dans cette mobilité : d'un part elle accélère la migration des neutrophiles (Oseas, Yang et al. 1981), et d'autre part elle exerce un rétrocontrôle négatif afin d'éviter une activité excessive des neutrophiles (Richter, Andersson et al. 1989). Dans ce travail, aucun changement des pourcentages des cellules phagocytaires (neutrophiles et monocytes) n'est observé ni dans les plaques de Peyer ni dans la rate. Cependant l'activité individuelle des cellules phagocytaires (MFI) est significativement augmentée dans la rate, ce qui signifie que l'activité phagocytaire a été renforcé par la lactoferrine. C'est un résultat original. Nous supposons qu'au bout de 6 semaines d'étude, durée relativement longue pour les souris, la lactoferrine a augmenté significativement uniquement la fonction phagocytaire des neutrophiles, même si d'autres phénomènes intermediaires (modification du nombre de cellules neutrophiles) ont pu avoir lieu sans que nous ayons pu les mettre en évidence.

Parmi les cellules CD3⁻ extraites de la rate et les plaques de Peyer sont comptées les cellules dendritiques. Les DCs peuvent être divisées en plusieurs sous populations présentes dans les tissus et les organes. Les sous populations ont principalement été définies par l'expression de marqueurs membranaires comme CD11c, CD8α, CD11b et CD4 (Johansson and Kelsall 2005). Avec la limite imposée par notre équipement (Facscan, 3 couleurs), nous n'avons pas pu observer simultanément tous ces marqueurs membranaires. Nous avons donc différencié les CD en deux sous populations : les cellules dendritiques CD3⁻CD4⁻CD8⁺ et CD3⁻CD4⁺CD8⁻, les cellules CD3⁻CD8⁻CD4⁻ triplement négatives n'ayant pas été étudiées dans ce travail. Il a été démontré que les DCs de sous populations CD3⁻CD8⁺ suscitent préférentiellement des réponses Th1, alors que les DCs de sous populations CD3⁻CD4⁺ suscitent préférentiellement des réponses Th2 (Johansson and Kelsall 2005; Coombes and Maloy 2007). Dans ce travail, nous n'avons pas mis en évidence de modification des pourcentages des cellules dendritiques de la rate et des plaques de Peyer liée à l'ingestion de lactoferrine.

Ainsi, par la voie orale, la lactoferrine bovine agit au niveau systémique sur l'immunité innée et au niveau local sur l'immunité acquise.

I-1.3 Effet de la lactoferrine sur le bilan lipidique sanguin

Dans ce travail, la lactoferrine ne montre pas d'effet sur le cholestérol sanguin. Le cholestérol est soit d'origine endogène soit d'origine alimentaire. Dans le dernier cas il est délivré dans la circulation sanguine sous forme de chylomicrons. La biosynthèse du cholestérol est directement régulée selon le taux de cholestérol sanguin disponible par des mécanismes homéostatiques. Une prise plus élevée du cholestérol alimentaire mène à une diminution nette de la production endogène, alors que la prise alimentaire inférieure mène à l'effet opposé. Le cholestérol est éliminé par le foie avec la bile et peut être réabsorbé dans l'intestin. Les particules de lipoprotéines à haute densité (HDL) transportent le cholestérol périphérique vers le foie et participent à l'élimination du cholestérol périphérique tandis que les LDL_{ch} sont associées au taux de cholestérol sanguin et leur concentration directement liée à la formation de la plaque athéromateuse dans les artères. La consommation de lactoferrine bovine n'a pas d'effet sur ces paramètres (cholestérol total sanguin, HDL_{ch} et NON-HDL_{ch}) dans notre étude.

Pour conclure sur ces premiers résultats, la lactoferrine ne modifie pas les flores lactobacilles et bifidobactéries fécales des souris saines et n'intervient pas dans le métabolisme du cholestérol sanguin. Elle diminue le pourcentage des lymphocytes T dans les plaques de Peyer et induit une augmentation de l'activité phagocytaire des neutrophiles dans la rate. Ainsi au niveau local (intestin grêle) la lactoferrine active le système immunitaire acquis. Nous n'observons pas de modification significative du système immunitaire inné : soit les modifications de ce dernier ne sont pas detectables, soit il n'est pas activé. L'emplacement anatomique des cellules immunitaires de la réponse innée (macrophages et des cellules dendritiques) et la voie par laquelle ces cellules acquièrent des antigènes sont essentiels dans la détermination de la nature des réponses qui s'en suivent. Plusieurs itinéraires différents existent pour la capture d'antigènes luminaux : (1) par des échantillonnages transépithéliaux qui impliquent les cellules dendritiques (Rescigno, Urbano et al. 2001) ou par la présence de cellules dendritiques dans le lamina propria de l'intestin (2) par des cellules M des PP et des cellules M individuelles présentées dans les villosités des épithéliums, (3) par des cellules épithéliales de l'intestin grêle et du côlon (Krahenbuhl and Neutra. 2000; Perdigon, Maldonado Galdeano et al. 2002;

Jang, Kweon et al. 2004). La structure du GALT est telle que la capture de la lactoferrine peut se faire soit par les dendrites émises par les cellules dendritiques directement dans la lumière intestinale (ces cellules présentant secondairement les épitopes de la lactoferrine aux cellules T sans passer par les cellules phagocytaires classiques (neutrophiles et macrophages)), soit par l'intermédiaire des cellules M qui mettent directement les antigènes en contact avec des cellules présentatrices de type cellule dendritique c'est à dire également sans activation du système immunitaire inné. Les plaques de Peyer sont les seuls ganglions lymphatiques, avec les follicules lymphoïdes disséminés, ne présentant pas de vaisseaux lymphatiques afférents par lesquels pénètrent la majorité des cellules présentatrices d'antigènes. Les cellules dendritiques plasmacytoïdes sont un exemple de cellule CPA pénétrant par voie sanguine dans les ganglions (Wilson and Villadangos 2005; Reis e Sousa 2006). Cette particularité anatomique pourrait expliquer l'absence de modulation du système immunitaire inné. Nous supposons dans ce travail que s'il y a un effet lactoferrine, il est direct et ne passe pas par la flore au niveau de l'intestin grêle. Au niveau systémique, nous mettons en évidence une modulation du système immunitaire inné. Une des fonctions classiques de la lactoferrine est sa capacité à moduler les phénomènes inflammatoires. Le fait que sa structure ne diffère que partiellement de la lactoferrine murine endogène (70% d'homologie) (Pierce, Colavizza et al. 1991) lui permet de garder ses propriétés naturelles. Nous avons précédemment montré que la lactoferrine bovine est retrouvée dans le sérum de souris et qu'elle induit une forte réponse en terme de production d'anticorps spécifiques (Fischer, Debbabi et al. 2006). La présence de cette lactoferrine bovine circulante libre ou complexée à des anticorps pourrait expliquer la modulation observée au niveau des neutrophiles. L'observation la plus intéressante reste néanmoins la possibilité qu'au niveau local le système immunitaire acquis soit directement activé sans passer par l'immunité innée. La confirmation de cette interprétation mérite des études complémentaires.

I-2 Probiotiques seuls

I-2.1 Survie des probiotiques

Les aliments sont fortement transformés durant leur transit dans le tube digestif et une grande quantité des bactéries exogènes ingérées y est éliminée. Des travaux sur la diarrhée chez l'adulte et l'enfant ont montré que la survie et un taux important de probiotiques sont des paramètres nécessaires à l'obtention d'un effet sur le métabolisme digestif et la flore intestinale (Bezkorovainy 2001).

Dans ce travail, deux populations bactériennes différentes ont été suivies dans les différents lots de souris, tout au long du protocole : les lactobacilles et les bifidobactéries. Les probiotiques sont absorbés par voie orale sans gavage. Ce protocole ne nous permet pas de calculer le taux de survie des bactéries ingérées avec les régimes puisqu'il est difficile de connaître les quantités exactes de nourriture consommées par chaque souris. Cependant nos résultats montrent que les *Bifidobacterium* Bb12 consommées dans les régimes se retrouvent viables et cultivables dans les fèces. Le contenu des fèces en bifidobactéries passe d'un niveau non détectable (chez les souris qui ne consomment pas de bificobactéries) à des concentrations de l'ordre de 10^8 à 10^9 UFC/g. Ceci montre que ces bactéries peuvent transiter tout au long du tube digestif et demeurer viables au moins pendant les jours de leur consommation, sans que toutefois nous puissions préjuger de leur persistance après l'arrêt du protocole.

Pour les lactobacilles, on ne peut pas déterminer si ceux qui sont détectés dans les fèces sont d'origine endogènes ou exogènes. Comme il a été indiqué, les souris de tous les groupes ont eu des troubles du transit intestinal, vraisemblablement à cause du changement de nourriture (passage des croquettes à notre régime de base) et la numération des lactobacilles a montré une diminution plus ou moins importante. Seules les souris consommant les régimes supplémentés en probiotiques montrent un retour à la « normale » de cette flore. Nous observons également un décalage important entre les numérations des lactobacilles effectuées sur les milieux MRS et Rogosa à la fin des expériences. Ce phénomène n'est pas observé chez les souris nourries avec les régimes contenant des probiotiques (R2, R4 et R6). Il faut rappeler que les deux milieux de culture n'ont pas le même pouvoir sélectif. Nous pouvons conclure que les *Lactobacilles acidophilus* NCFM ingérées (exogènes) peuvent (1) survivre durant le transit gastro-intestinal et/ou (2) augmenter le contenu en lactobacilles des fèces. Une étude plus fine au niveau des espèces ou de la souche (*Lactobacillus* NCFM) pourrait permettre d'affiner cette analyse.

L'importance de la niche écologique des probiotiques a été montrée. Celle-ci joue un rôle dans l'immunomodulation observée au niveau de l'intestin grêle et du côlon (Vitini, Alvarez et al. 2000). Bezkorovainy suppose que non seulement les probiotiques exogènes consommés (surtout *Lactobacillus* et *Bifidobacterium*) peuvent survivre à leur passage par l'estomac et l'intestin grêle, mais qu'ils influencent la microflore de l'intestin grêle d'une façon significative, et peuvent affecter l'écologie bactérienne et le métabolisme dans le côlon (Bezkorovainy 2001).

En résumé, le contenu fécal en lactobacilles et en bifidobactéries se maintient à un niveau élevé (plus que 10^8 UFC/g) chez les souris des

183

groupes ayant consommé des probiotiques. Certaines de ces bactéries ingérées peuvent persister dans l'intestin et avoir la potentialité de moduler de nombreuses fonctions qui pourraient se révéler positives pour l'hôte.

I-2.2 Effet des probiotiques sur les paramètres immunitaires

Les caractéristiques particulières (ex. les propriétés superficielles) des antigènes affectent différemment la réaction immunitaire au niveau de tube digestif en fonction de la voie utilisée pour l'interaction avec le système immunitaire (Galdeano, de Moreno de LeBlanc et al. 2007). L'interaction de LAB avec des cellules M favorise des réactions immunitaires principalement spécifiques (Neutra and Kraehenbuhl 1992), tandis que l'interaction avec des cellules FAE favorise une réponse non spécifique ou inflammatoire ; bien que ce mode d'entrée puisse aussi augmenter la réaction immunitaire spécifique (Perdigon, Maldonado Galdeano et al. 2002). L'interaction avec des cellules épithéliales peut mener au renforcement de l'immunité locale ou non-réponse par le dégagement (clearance) d'antigène (Campbell, Yio et al. 1999; Hershberg and Mayer 2000).

I-2.2.1 Effet sur les immunoglobulines

Dans ce travail, les taux d'IgG et IgA sériques ont été fortement augmentés chez des souris nourries avec des probiotiques. Ces résultats concordent avec ceux des études précédentes (Wostmann and Pleasants 1991) et signifient que les cellules B sont stimulées par les régimes. Une diminution des IgA fécales est observée chez les souris nourries avec des probiotiques par rapport aux souris du groupe témoin. Cette diminution des IgA fécales pourrait être due à la méthode d'extraction des anticorps utilisée dans cette étude. En fait, les fèces fraîchement produits ont été simplement repris dans du PBS. Après deux extractions et centrifugations, les surnageants obtenus ont été poolés et utilisés comme échantillons. Il est possible que des immunoglobulines complexées avec des microorganismes restent dans les culots et échappent ainsi aux dosages. Malgré ce problème, nous avons observé une augmentation progressive du taux des IgA fécales au cours du temps dans un même régime, par exemple chez les souris du groupe R2 dont le régime était complémenté seulement avec des probiotiques. Le taux d'IgA fécales augmente dès le 14ème jour de régime et cette tendance persiste jusqu'à la fin de l'expérience. Ainsi, le taux des IgA du régime R2 est devenu significativement plus élevé en fin d'expérience par rapport à celui du début d'expérience. Ce résultat montre que des réponses humorales ont été stimulées par ces régimes. L'augmentation du nombre des cellules capables de produire des IgA était la propriété la plus remarquable induite par les microorganismes probiotiques ou par les laits fermentés. Ceci confirme les observations selon lesquelles les cellules B IgA$^+$ dans la lamina propria de l'intestin grêle sont augmentées par différentes bactéries lactiques comme *L.acidophilus*, *L. bulgaricus* et *S. thermophilus* (Perdigon, Fuller et al. 2001).

Des cellules B IgA$^+$ activées dans les PP transitent par les MLN avant d'entrer dans la circulation sanguine et de revenir à la muqueuse intestinale. Il a été proposé que la présence des probiotiques comme antigènes stimule la sécrétion des IgA locales sans apparition d'une immunité systémique (Milling, Cousins et al. 2005). A l'inverse de cette hypothèse, nous avons observé une augmentation significative des IgA sériques. Les régimes contenant des probiotiques ont stimulé la production d'anticorps d'isotype IgA au niveau local et au niveau systémique. L'augmentation du taux sanguin des IgA pourrait être due à un passage des IgA produites localement dans le sang. Ceci pourrait être montré en recherchant le pourcentage d'IgA dimériques (origine muqueuse) par rapport aux IgA monomériques (origine sanguine). Ce résultat confirme une observation déjà rapportée par d'autre auteurs selon laquelle la circulation des IgA peut être augmentée par des probiotiques (de Moreno de LeBlanc, C. Maldonado Galdeano et al. 2005).

I-2.2.2 Effet sur les lymphocytes T et DCs

Le pourcentage de lymphocytes $CD3^+CD4^+$ dans les plaques de Peyer a été diminué par les probiotiques, celui de $CD3^+CD8^+$ n'est pas affecté à ce niveau. Aucune modification significative n'a été induite sur les deux sous populations de lymphocytes T dans la rate. Ces résultats ne sont pas surprenants, car très peu d'effets des probiotiques ont été rapportés directement sur des lymphocytes. Cependant, dans un protocole plus long (98 jours), une augmentation du nombre de lymphocytes T $CD8^+$ et $CD4^+$ observée par immunofluorescence au niveau de l'intestin grêle et du côlon a été rapporté chez des souris BALB/c nourries avec du lait fermenté contenant *Lactobacillus delbrueckii* subsp. *bulgaricus* (10^8 UFC/ml), *Streptococcus thermophilus* (10^8 UFC/ml) et *Lactobacillus casei* DN-114001 (10^8 UFC/ml) (de Moreno de LeBlanc, Chaves et al. 2007). À notre connaissance c'est le seul travail dans lequel des augmentations en lymphocytes T ont été rapportées sur des souris saines, sans stimulation par des agents pathogènes. Ces résultats sont en contradiction avec des observations précédentes (de Moreno de LeBlanc, Valdéz et al. 2004; Maldonado Galdeano and Perdigón 2006). Les auteurs supposent que cela est dû à la différence de la durée des études. Des effets des probiotiques sur les lymphocytes T semblent donc contradictoires, mais l'état de santé des sujets étudiés et la durée de consommation des probiotiques semblent influencer beaucoup ces paramètres immunitaires.

Dans les deux organes immunitaires étudiés, nous avons observé une augmentation des cellules CD3$^-$CD8$^+$ (significative uniquement pour les splénocytes) tandis que nous avons observé une diminution significative des cellules CD3$^-$CD4$^+$ uniquement avec les splénocytes. Cela montre que les régimes contenant des probiotiques favorisent des réponses du type Th1 uniquement au niveau de la rate (immunité systémique) et pas au niveau des plaques de Peyer (immunité locale). Ce sont des résultats originaux. En effet, à notre connaissance aucun effet des probiotiques sur les cellules dendritiques n'avait été rapporté à ce jour.

I-2.2.3 Effet sur la phagocytose

Une augmentation significative des monocytes phagocytant *E. coli* a été observée dans la rate ($p<0,0001$) et dans les plaques de Peyer ($p=0,03$) suite à la consommation de probiotiques. Cette augmentation d'activité phagocytaire est directement liée au pourcentage de monocytes. Ce dernier est augmenté mais de manière non significative dans les extraits de cellules de ces deux organes (**tableau 28**). Par contre, aucune modification significative n'a été observée sur les neutrophiles malgré une augmentation des pourcentages de neutrophiles, augmentation également observée dans les plaques de Peyer. Ainsi c'est plutôt l'activité des monocytes qui est augmentée par les bactéries probiotiques dans cette étude. L'activité des neutrophiles est liée à l'immunité innée et aux réponses inflammatoires alors que celle de monocytes qui peuvent se transformer en cellules dendritiques, à tendance à induire des réponses de type acquis. Ainsi, la stimulation continuelle par des antigènes probiotiques est efficace pour induire des réponses immunitaires faisant intervenir à la fois les réponses de type inné et les réponses de type acquis.

À notre connaissance, aucune étude mettant en oeuvre des bactéries probiotiques n'a été réalisée sur l'activité phagocytaire des splénocytes et des cellules des PP. La plupart des études réalisées sur ce sujet ont été effectuées sur le sang. Il est possible que les effets des probiotiques sur la phagocytose soient plus difficilement observables au niveau de la rate, la proportion de cellules effectrices de la phagocytose y étant moins importante que dans le sang (6% versus 65%). Cette proportion est encore plus faible dans les PP. Il a aussi été montré que le niveau de renforcement d'activité phagocytaire dépend de la souche, de la dose et de la viabilité des bactéries utilisées (Gill 1998). Il n'est pas établi que l'augmentation de l'activité phagocytaire puisse être maintenue après l'arrêt de l'alimentation par des probiotiques. Il a été noté que l'activité phagocytaire accrue chez l'homme persiste durant 6 semaines après l'arrêt de l'ingestion de *Lactobacillus acidophilus* (La1) et *Bifidobacterium animalis* (Bb12) (Schiffrin, Brassart et al. 1997).

Ces résultats confirment que les probiotiques peuvent renforcer l'immunité systémique et muqueuse (Zinkernagel and Hengartner 1997; Galdeano and Perdigon 2004). Ils peuvent induire des réponses spécifiques et non spécifiques (Vitini, Alvarez et al. 2000). Nos résultats montrent aussi que les probiotiques peuvent non seulement provoquer des réponses immunitaires au niveau local, mais qu'ils pourraient également renforcer la circulation des cellules immunitaires et induire des réponses au niveau systémique.

I-2.3 Effet des probiotiques sur le bilan lipidique sanguin

Dans la présente étude sur les souris saines, le cholestérol total, et les TG n'ont pas été affectés par la consommation de probiotiques ($p > 0,05$) pendant 6 semaines. Cependant cette dernière a augmenté ($p < 0,0001$) le

HDL$_{ch}$ et diminué (p=0,02) le NON-HDL$_{ch}$. Par conséquent, le rapport de NON-HDL$_{ch}$/HDL$_{ch}$, considéré comme un index d'athérogénicité (Gordon, Probstfield et al. 1989; Jacobs, Mebane et al. 1990), est amélioré. Des résultats similaires ont été rapportés dans l'étude à long terme de Kiessling, dans laquelle des yaourts ont été donnés à 29 femmes pendant 6 mois (Kiessling, Schneider et al. 2002). Par contre, De Roos n'a trouvé aucun changement suite à la supplémention avec des probiotiques chez des sujets ayant un taux normal de cholestérol (de Roos, Schouten et al. 1999). L'effet des probiotiques sur le cholestérol sanguin reste encore à confirmer par d'autres d'études.

Les mécanismes possibles par lesquels les probiotiques pourraient agir sur la concentration en cholestérol dans le sang sont les suivants :

1. L'ingestion de probiotiques provoque une augmentation du contenu bactérien dans l'intestin qui fermentent des glucides non absorbés pour produire les acides gras à chaîne courte (AGCC) dans le côlon (Wong, de Souza et al. 2006). Les AGCC sont partiellement absorbés dans le sang et peuvent modifier les concentrations circulantes de cholestérol en empêchant la synthèse hépatique de cholestérol ou en redistribuant le cholestérol du plasma au foie (St-Onge, Farnworth et al. 2000).

2. L'activité bactérienne accrue dans le côlon résulte en un renforcement du catabolisme des acides biliaires (Chikai, Nakao et al. 1987). Les acides biliaires catabolisés ne sont pas bien absorbés par la muqueuse intestinale et sont éliminés sous forme de résidus. Le cholestérol, précurseur des acides biliaires, est utilisé *de novo* pour la synthèse d'acides biliaires (St-Onge, Farnworth et al. 2000). De fait, les bactéries facilitent l'élimination du cholestérol sous forme de résidus d'acides biliaires (Chiu, Lu et al. 2006).

3. Les bactéries empêchent l'absorption du cholestérol intestinal en le fixant. Ce cholestérol assimilé est incorporé dans les membranes ou les parois cellulaires des bactéries pour augmenter leur résistance à un environnement hostile (Tahri, Grill et al. 1997).

Pour conclure, les deux souches de bactéries probiotiques utilisées dans ce travail semblent être retrouvées viables et cultivables en quantités notables dans les fèces. Elles ont modulé les réponses immunitaires innées et spécifiques, humorales et cellulaires au niveau local et systémique. Leurs effets sur des cellules dendritiques (un type des cellules présentatrices d'antigène qui orientent les réponses immunitaires acquises) pourraient expliquer la diversité des réactions immunitaires observées. Ces souches apparaissent bénéfiques vis à vis du métabolisme du cholestérol.

I-3 SM3 seul

I-3.1 Effet du SM3 sur la survie des probiotiques

Le SM3 est un extrait du lait riche en sphingolipides. Selon nos résultats, il semble que le SM3 favorise la survie des lactobacilles dans les fèces. A la fin des expériences, une chute importante du nombre de lactobacilles et un écart entre les numérations obtenues sur les milieux MRS et Rogosa ont été observés chez les souris du régime témoin. Nous avons attribué cet état de fait à des troubles du transit intestinal. Sur milieu Rogosa, les régimes supplémentés avec les deux doses de SM3 aboutissent à des numérations en lactobacille significativement augmentées par rapport au régime non supplémenté, sans toutefois atteindre les valeurs avant le passage au régime de base. Celle-ci est retrouvée avec les régimes des groupes R3 et R5 (des animaux nourris avec du SM3 à différentes doses). Ceci pourrait indiquer que le SM3 contient un ou plusieurs constituants qui favorisent le développement ou la survie de la flore intestinale lactobacille. Nous pouvons également envisager qu'un constituant de SM3 entre en compétition avec les sites de fixation des lactobacilles sur les entérocytes. Dans la première hyphothèse, le SM3 pourait être qualifié de prébiotique.

Le terme « prébiotique » définit un composé alimentaire non digestible qui affecte l'hôte de façon bénéfique en stimulant de façon sélective la croissance et/ou l'activité d'une ou plusieurs espèces bactériennes considérée comme bénéfique pour la santé (Gibson and Roberfroid 1995). Le prébiotique peut être considéré comme un aliment pour les bactéries bénéfiques (non pathogènes) du côlon. Le rôle bénéfique des prébiotiques sur la santé de l'hôte serait lié à différents effets physiologiques : (1) amélioration du transit intestinal (Rushdi, Pichard et al. 2004; Fernandez-Banares 2006; Macfarlane, Macfarlane et al. 2006), (2) stimulation de l'immunité locale (Schiffrin, Thomas et al. 2007; Shadid, Haarman et al. 2007), (3) amélioration de l'absorption de certains minéraux (calcium, magnésium, fer, zinc, cuivre…) (Coudray, Bellanger et al. 1997; Scholz-Ahrens, Schaafsma et al. 2001), (4) diminution des bactéries pathogènes (Rousseau, Lepargneur et al. 2005; Tuohy, Rouzaud et al. 2005), (5) diminution de l'absorption du cholestérol (Fiordaliso, Kok et al. 1995; Davidson, Maki et al. 1998; Pereira and Gibson 2002; Alliet, Scholtens et al. 2007), et (6) diminution des composés carcinogènes (Macfarlane, Steed et al. 2008).

Dans ce travail, sur milieu MRS, les régimes contenant seulement du SM3 (R3 et R5) en supplémentation n'ont pas modifié le taux de lactobacilles fécaux. Seul le milieu ROGOSA met en évidence une modification de ce taux. S'il existe un effet prébiotique du SM3, au niveau des lactobacilles, il favorise les espèces qui se développent préférentiellement sur milieu ROGOSA par rapport au milieu MRS. Cet effet du SM3 lorsqu'il est visible est dose dépendant (plus fort pour la dose la plus forte). Quand à *Bifidobacterium* qui ne compte pas parmi les genres majeurs constituant la flore des souris BALB/c, la supplémentation en SM3 est sans effet. Cette flore est très minoritaire chez les souris. Nous n'observons pas d'effet prébiotique sur ce genre.

I-3.2 Effet du SM3 sur les paramètres immunitaires

L'administration des SM3 a introduit des modifications sur le taux des anticorps sanguins. L'augmentation des taux d'IgG et d'IgA est accompagnée d'une diminution de celui des IgM totales. Le SM3 a diminué le pourcentage de lymphocytes T CD4+ dans les plaques de Peyer mais pas dans la rate, avec un effet dose caractérisé par un effet significatif pour la forte dose. Le SM3 a augmenté le pourcentage des DCs CD3-CD8+ (type Th1) dans les plaques de Peyer et diminué celui des DC CD3-CD4+ (type Th2) dans la rate également. Ces variations ne sont observées que pour la dose forte. Une répartition différente des lymphocytes est donc induite dans les plaques de Peyer et dans la rate par la consommation de SM3. Le pourcentage de monocytes a été augmenté de 1% à 13% dans la rate chez les souris nourries avec des régimes contenant du SM3. Logiquement le pourcentage de monocytes phagocytant *E. coli* devrait également être augmenté. Bien que ces augmentations ne soient que rarement significatives, nous observons que le SM3 a tendance à renforcer l'activité phagocytaire chez les souris BALB/c.

Le SM3 exerce donc une modulation au niveau de l'immunité inné et de l'immunité acquise comme le font les probiotiques. Avec ces derniers, nous observons des cellules dendritiques qui orientent plutôt les réponses immunes vers un type Th1 en augmentant le pourcentage de DC de type

Th1 et en diminuant le pourcentage de DC de type Th2 au niveau de la rate mais sans effet sur les DCs des PP. Les cellules dendritiques spléniques analysées chez les souris nourries avec du SM3 sont également orientées vers une réponse de type Th1 par une diminution significative des DCs de type Th2 au niveau de la rate et une augmentation des cellules DCs de type Th1 au niveau des plaques de Peyer. Les réponses ne sont donc pas strictement comparables à celles observées avec les probiotiques. Les constituants du SM3 pourraient agir directement sur le système immunitaire. Les sphingolipides dont les proprietés bioactives ont été rapportées, par exemple sur l'inflammation ou la signalisation cellulaire, pourraient être à l'origine de ces différences. Cependant nous ne pouvons pas écarter la possibilité que le SM3 exerce son activité d'immunomodulation par le biais de la flore intestinale puisque cet ingrédient est à l'origine de modifications quantitatives et/ou qualitatives de la flore lactobacille fécale.

Nos observations montrent que de nombreux paramètres n'ont été modifiés par le SM3 que pour la dose la plus forte de SM3. Le SM3 est constitué de plusieurs composés qui peuvent avoir des propriétés immunomodulatrices. Le SM3 a donc une composition antigénique complexe. Pour cet ingrédient, les épitopes présents sont très nombreux et donc les relations avec le système immunitaire sont complexes. Parmi les composés immunomodulateurs potentiels nous pouvons penser aux sphingolipides et/ou à des fractions potentiellement prébiotiques.

I-3.3 Effet du SM3 sur le bilan lipidique sanguin

La plus faible dose de SM3 mise en oeuvre (11%) n'a affecté ni le cholestérol total, ni le HDL_{ch}, ni le $NON-HDL_{ch}$, ni la concentration de TG. La forte dose (20%) dans le régime a induit une augmentation du taux de cholestérol total de 25% ($p<0,01$). Il est intéressant de noter que cette augmentation est due à une augmentation du taux de HDL_{ch} de 61%. Le taux des TG reste inchangé. Comme précédemment, nous pouvons supposer que ce sont des effets des fractions prébiotiques qui agissent sur les lactobacilles ou bien que ce sont les sphingolipides du SM3 qui induisent directement ces effets. En effet, des études *in vitro* ont montré que l'action des sphingolipides du lait sur la concentration en cholestérol sanguin était dose dépendante (Garmy, Taieb et al. 2005). Nos études *in vivo* sont en accord avec ces observations. Cependant d'autres études n'ont montré aucun effet des sphingolipides sur le cholestérol (Imaizumi, Tominagaa et al. 1992; Kobayashi, Shimizugawa et al. 1997). Plus d'études sont encore nécessaires pour conclure sur l'effet des sphingolipides sur le cholestérol sanguin.

Les mécanismes par lesquels les sphingolipides du lait pourraient modifier le métabolisme du cholestérol et interférer avec l'absorption intestinale du cholestérol sont encore mal définis. Certains auteurs font une analogie avec les associations moléculaires qui existent entre les sphingomyélines et le cholestérol dans les microdomaines des membranes plasmatiques (lipid-raft), et pensent que les sphingolipides pourraient former avec le cholestérol des complexes dans la lumière intestinale avec pour effet d'inhiber l'absorption intestinale du cholestérol (Vesper, Schmelz et al. 1999; Garmy, Taieb et al. 2005).

Pour conclure, le SM3 a induit des modifications dans les numérations des lactobacilles fècaux, le système immunitaire local et systémique et aussi sur la concentration en cholestérol sanguin. Cependant nous avons remarqué que ces effets sont dépendants de la dose de SM3. En fait, la majorité des effets observés le sont avec la dose la plus importante de SM3. A ce titre il pourrait être qualifié d'ingrédient fonctionnel.

I-4 Effets des associations entre ingrédients

I-4.1 Effet de l'association de la lactoferrine avec le SM3

Aucune interaction n'est observée lors de l'association de la lactoferrine et du SM3. Cela signifie que l'administration de ces deux nutriments ensemble ne modifie pas les effets de chaque ingrédient pris séparément.

I-4.2 Effets de l'association des probiotiques avec le SM3

L'association des probiotiques et du SM3 a montré des interactions pour presque tous les paramètres étudiés. Cela signifie que l'effet de chaque ingrédient sur les marqueurs étudiés n'est plus le même si les souris consomment un régime supplémenté avec le deuxième ingrédient. Les régimes associant le SM3 et les probiotiques montrent des résultats proches du régime avec des probiotiques seuls. L'effet probiotique semble donc dominant sur l'effet SM3. Les interactions observées sont différentes selon la dose de SM3. Pour la plupart des marqueurs, le régime contenant des probiotiques et le SM3 à la dose élevée (20%) ne montre pas d'effet synergique. Au contraire le régime contenant des probiotiques et le SM3 à la dose faible (11%) conduit à amplifier les effets des probiotiques et du SM3 par rapport au régime contenant des probiotiques ou SM3 seuls. Les relations entre les deux ingrédients sont donc complexes. De plus, nous avons noté que le SM3 agit sur la composition de la flore intestinale et notamment sur le genre lactobacille. Il est donc difficile de proposer des explications à ces interactions, en plus de l'effet "prébiotique" du SM3. Il nous paraît cependant très important de signaler qu'elles existent. Ce résultat montre que les effets d'un ingrédient dépendent de la composition des aliments qui sont consommés simultanément.

Pour illustrer ce point, nous pouvons rappeler les interactions suivantes. Le pourcentage de monocytes phagocytant *E. coli* dans la rate a été augmenté de façon non significative par le régime contenant des probiotiques seuls (R2) et les régimes contenant le SM3 seul (R3 et R5), quelle que soit la dose de ce dernier (**figure 17b**). L'association des probiotiques avec du SM3 à 20% (régime R4) n'a pas montré d'effet synergique de ces deux ingrédients. Par contre, l'association des probiotiques avec du SM3 à 11% a mis en évidence un effet synergique : le pourcentage des monocytes phagocytant *E. coli est* significativement différent par rapport au régime témoin. Des schémas identiques sont également observés sur le taux des IgG et des IgA sériques, le pourcentage de DCs (sous population CD3$^-$CD8$^+$) dans la rate et les plaques de Peyer, et la concentration en HDL$_{ch}$ sanguin. L'association des probiotiques avec du SM3 à 11% est donc plus efficace pour les marqueurs suivants : stimulation du système immunitaire et amélioration du cholestérol sanguin. Ainsi, l'association des deux ingrédients apparaît plus bénéfique pour l'hôte uniquement avec certaines combinaisons quantitatives de ces ingrédients.

I-5 Corrélations entre population bactérienne et le bilan lipidique sanguin

Les corrélations entre les bactéries et les concentrations de cholestérol signifient bien que la flore joue un rôle sur le cholestérol sanguin (**tableau 23**). De plus, elle agit plutôt sur le HDL$_{ch}$ en l'augmentant et a tendance à diminuer le taux de NON-HDL$_{ch}$. Même si l'effet sur ce dernier n'est pas toujours significatif, des modifications

196

parallèles d'augmentation en HDL$_{ch}$ et de diminution en NON-HDL$_{ch}$ améliorent significativement le rapport NON-HDL$_{ch}$ et HDL$_{ch}$. Nos résultats indiquent que l'amélioration de la répartition du cholestérol entre les fractions proathérogènes (qui diminuent) et antiathérogènes (aui augmentent) par la supplémentation avec des régimes enrichis en ingrédients fonctionnels (probiotiques ou SM3) dans une proportion appropriée, est réalisable.

II Modifications sur le système immunitaire

Le système immunitaire est un ensemble coordonné d'organes, de cellules et de molécules qui permettent à un individu d'apprendre à reconnaître le soi du non soi et d'éliminer tout ce qui est non soi. Ce système est malgrè tout tolérant à des structures ou molécules qu'il sait reconnaître comme étrangères mais sans danger comme la flore intestinale et la majorité des aliments. Une fois en contact avec l'antigène, une série des réponses innées est déclenchée, l'antigène est capturé par les cellules phagocytaires dont les CPA. Seules ces dernières migrent vers les ganglions où elles rencontrent des lymphocytes naïfs. Si ceux-ci reconnaissent les antigènes présentés par le complexe majeur d'histocompatibilité de type II des CPA, il y a induction d'une réponse immunitaire qui peut être de type actif ou de type tolérant. Ce processus est complexe et les réponses immunitaires sont régulées par de nombreux mécanismes. La **figure 20** montre des réponses immunitaires innées et adaptatives contre des antigènes dans le tractus intestinal et des réponses systémiques provoquées par la circulation des cellules immunocompétentes.

Il s'en suit que l'ensemble des marqueurs que nous avons mesurés sont plus ou moins bien corrélés. Si le système immunitaire était une horloge « suisse », la corrélation serait parfaite entre les différents

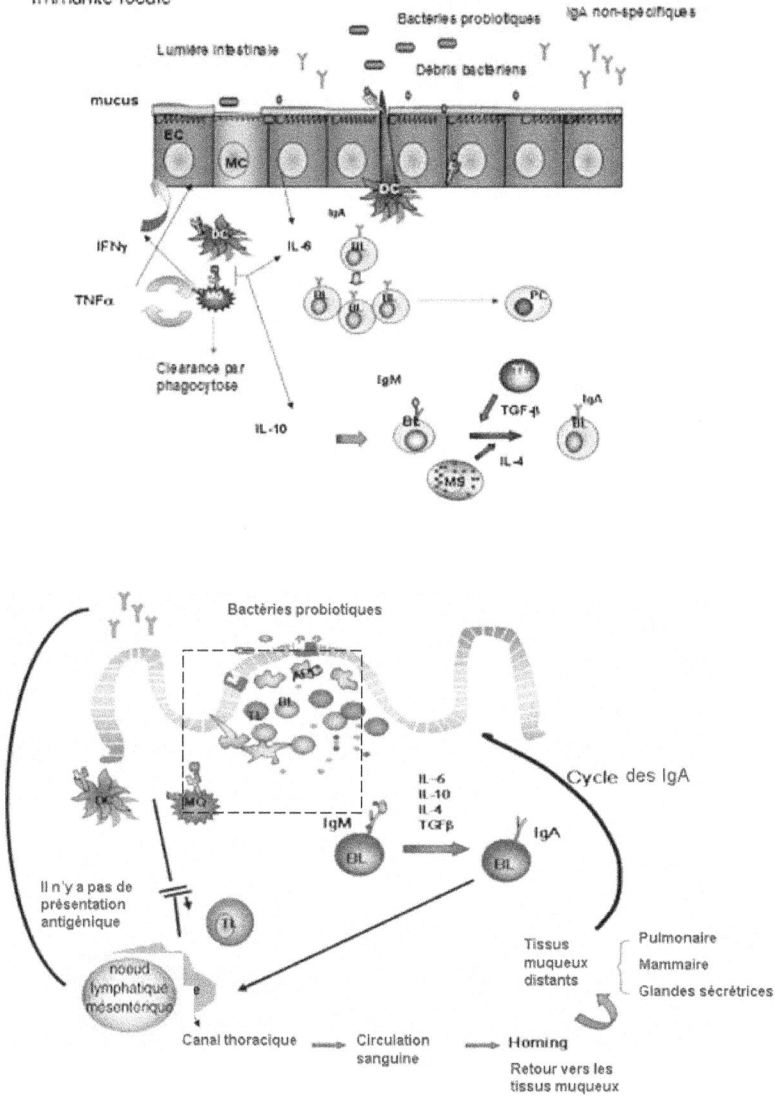

Figure 20. Système immunitaire intestinal (Adapté de Galdeano et al., 2007).

marqueurs. Nous sommes évidemment loin de ce modèle. Cependant dans le cadre de la réponse immune telle qu'elle est admise actuellement, nous devrions observer une corrélation plus ou moins importante entre ces différents facteurs. Aussi, faisant abstraction des différents régimes, nous avons recherché des corrélations entre les marqueurs que nous avons choisis. Elles ont donc été calculées sur 80 souris, effectif suffisamment important pour nous permettre d'obtenir des corrélations significatives.

II-1 Au niveau du système immunitaire inné

Les marqueurs impliqués sont essentiellement les cellules NK et l'activité phagocytaire des neutrophiles et, dans une moindre mesure des monocytes. En effet ces derniers participent également à la réponse immunitaire innée par leur fonction de présentation d'antigène.

Nous avons réussi à observer des activités NK au niveau de la rate et des PP. Malheureusement nos données n'étaient pas suffisamment nombreuses pour analyser les différences entre les régimes. Le nombre de souris pour lequel l'activité NK a été observée était entre 0 et 6 selon l'organe et le régime considéré. Cela peut être dû au type de protocole utilisé. En fait dans ce projet, les souris ont ingéré des régimes de façon naturelle. Elles ont eu libre accès aux aliments et les doses des ingrèdients inclus dans les régimes n'étaient pas excessives par rapport aux autres études du même type. C'est peut être pour cette raison que la stimulation des activités des cellules NK n'était pas significative. Cependant une corrélation positive a été observée entre le nombre de *Bifidobacterium* fécaux et l'activité NK dans les plaques de Peyer (n=8, **tableau 22**). La encore, des études supplémentaires sont nécessaires pour confirmer cet effet.

L'activité phagocytaire des splénocytes et des cellules des PP a été étudiée dans ce travail par la mesure du pourcentage des macrophages (neutrophiles et monocytes), du pourcentage de cellules qui ont phagocyté *E. coli* marqués par FITC et par la détermination de l'activité individuelle des cellules phagocytaires (MFI). L'augmentation des pourcentages de cellules phagocytaires et de celui de cellules ayant phagocyté *E. coli* est positivement liée aux numérations de *Lactobacillus* et *Bifidobacterium* fécaux dans les deux organes testés (**tableau 20** et **tableau 21**). Les pourcentages des cellules qui ont phagocyté *E. coli* sont positivement liés aux pourcentages des cellules phagocytaires (**tableau 28**). Ces populations bactériennes induisent donc un recrutement de cellules phagocytaires. Il s'agit d'un phénomène physiologique. L'activité phagocytaire est également corrélée aux numérations bactériennes (avec un effet plus net pour les monocytes). Ces corrélations traduisent simplement le fait que plus il y a de bactéries, plus le recrutement de ces cellules et l'activité phagocytaire sont importants. Le système immunitaire est bien fonctionnel. Le MFI, par contre, ne montre de corrélation ni avec des bactéries fécales ni avec le pourcentage de cellules phagocytaires. Dans ce travail, l'augmentation de l'activité phagocytaire est donc due à deux voies différents : (1) à une augmentation du pourcentage des cellules phagocytaires et (2) à un renforcement fonctionnel à un niveau cellulaire. Les mécanismes de ces différentes voies restent encore à définir.

Ces populations de cellules phagocytaires sont également corrélées aux populations de DCs. Positivement pour les CD3$^-$CD8$^+$ et négativement pour les DCs CD3$^-$CD4$^+$ même si la corrélation n'est significative que dans la rate (**tableau 27**). Cette observation est également logique. S'il y a une augmentation des cellules phagocytaires, toutes les catégories de cellules phagocytaires sont augmentées : neutrophiles monocytes et DCs.

II-2 Au niveau du système immunitaire acquis

Les cellules dendritiques font partie des cellules présentatrices d'antigènes (CPA), elles sont connues pour leur capacité unique à lier et activer des cellules T naïves. Les DC sont capables d'échantillonner directement des flores endogènes et des microorganismes pathogènes *in vivo* et contribuent à confiner les réponses cellulaires T au niveau des sites d'inflammation intestinale appropriés (Johansson and Kelsall 2005). Les DCs muqueux sont capables de traiter des antigènes sous forme tolérogène ou immunogène, et d'introduire des réponses immunites telles que des réponses régulatrices et effectrices, et des réponses des cellules T mémoire (Johansson and Kelsall 2005). Dans ce travail, nous observons en plus une différence qualitative du niveau du recrutement des DCs. Les probiotiques que nous avons introduits favorisent le recrutement des DCs de type Th1 (**tableau 20a**). Les résultats de cette étude confirment les hypothèses selon lesquelles les DC sont capables d'induire la différenciation de lymphocytes effecteurs naïfs, via la stimulation par certaines bactéries probiotiques, sont responsables pour la bonne orientation des réponses immunes. Cependant des modifications sur les deux sous populations des DCs ne sont pas tout à fait identiques dans la rate et dans des PP par nos régimes. Ce résultat est normal puisque des DC situées aux différents sites et des DC de différentes origines n'ont pas la même fonction. Par exemple, il a été montré que des sous populations de DCs muqueux ont des comportements particulièrs, par comparaison avec des DCs non muqueux. Cela concerne l'induction des cellules T régulatrices en condition stable et le processus de présentation des pathogènes consécutif à une infection au niveau de la muqueuse (Johansson and Kelsall 2005).

Alors que les numérations des différentes populations de DCs sont corrélées aux teneurs en lactobacilles et en bifidobactéries, à l'inverse, les deux sous populations de lymphocytes T ne sont pas corrélées sauf en ce qui concerne les T CD4$^+$ des plaques de Peyer. Ces derniers sont négativement corrélés aux numérations des deux populations bactériennes fécales. Ces cellules T sont les premiers lymphocytes à rencontrer les antigènes bactériens puisqu'elles sont situées dans l'épithélium intestinal. L'ingestion des probiotiques (lactobacilles et bifidobactéries) entraîne une diminution de cette sous population de Th. Ce résultat pourrait traduire une augmentation de la tolérance orale.

Les relations entre DCs et cellules T sont intéressantes à analyser puisque ce sont les premières qui activent les secondes dans les ganglions. Au niveau des PP une seule corrélation élevée est trouvée entre les CDs CD8$^+$ (type Th1) et les lymphocytes T CD4$^+$. Au niveau de la rate, les DCs CD4$^+$ et CD8$^+$ sont corrélées aux lymphocytes T CD4$^+$. Nous observons une différence de comportement entre ces deux organes qui est cohérente avec les différences que nous avons observées précédemment. L'absence de corrélation plus importante est un peu décevante. Cependant, les résultats des numérations montrent que selon les régimes, les numérations des CDs varient significativement et pas les numérations de lymphocytes T dont les Th. En fait, à cause de l'impossibilité technique liée à notre appareil d'utiliser plus de marqueurs pour l'analyse de ces lymphocytes T, nous n'avons pas déterminer de quel type étaient ces cellules Th : Th1, Th2 ou Th17. Ce résultat aurait été intéressant puisque ces cellules sont activées par les CDs dans lesquelles nous avons déterminer une telle polarisation. Nous aurions pu alors confirmer ou non si le type de réponse Th se détermine au niveau des DCs (comme le pense actuellement les immunologistes), ou au niveau des cellules T CD4$^+$ comme il était admis jusqu'à maintenant. En analysant les sous populations de lymphocytes T CD4$^+$, nous aurions certainement pu observer des corrélations plus nettes.

Il existe dans le sérum des immunoglobulines (Ig) naturelles donc le taux est relativement constants et définis selon les isotypes et sous-classes d'Ig. Ce sont des immunoglobulines non immunisées. Des études menées sur des souris axèniques (AX) et conventionnelles (CV) indiquent que la flore intestinale jouerait un rôle déterminant sur la diversification de la synthèse des anticorps naturels (Freitas, Viale et al. 1991). Nos résultats de corrélations positives (**tableau 19**) entre les bactéries fécales et les taux d'IgG et d'IgA sériques et la corrélation négative entre ces mêmes bactéries et les IgM sériques confirment l'observation de Freitas (1991). Des anticorps naturels jouent leurs rôles régulateurs sur le répertoire B de l'individu par des interactions des anticorps entre eux (Freitas, Viale et al. 1991; Wostmann and Pleasants 1991). Il a été conclu que la flore intestinale via la stimulation des Ig naturelles, et particulièrement des IgG, serait donc responsable de la diversification du répertoire des cellules B périphériques. Dans ce travail, la sécrétion des anticorps sériques et fécaux n'est pas corrélée avec le pourcentage des lymphocytes T dans la rate (**tableau 25a**). Il a été montré qu'il existait une induction d'IgA indépendante des cellules T : les cytokines telles que le facteur transformant de croissance ß (TGF-ß), l'interleukine-4 (IL-4), l'IL-2, l'IL-6 et l'IL-10 agissent d'une façon synergique avec d'autres cellules immunitaires et peuvent promouvoir le commutateur d'expression d'IgM ou d'IgA (Galdeano, de Moreno de LeBlanc et al. 2007). Dans ce travail, nous avons observé une augmentation significative des IgA dans le sérum conjointe à des diminutions des IgM dans le sérum et dans les fèces des souris nourries avec des régimes contenant des probiotiques. Des études de corrélation ont confirmé que les IgA et les IgM sont négativement corrélées

(tableau 24). L'ensemble de ces observations est cohérent avec l'existence d'un 'switch' d'IgM à IgA. En ce qui concerne les relations entre les isotypes d'anticorps sécrétés et les cellules immunocompétentes, nous observons que nous avons des corrélations entre les quantités d'IgA fécales et les taux des DCs et des lymphocytes T au niveau des PP. Au niveau systémique, nous observons des corrélations avec les taux des IgG et des IgA uniquement avec les numérations de DCs. L'isotype IgA est prédominant dans l'intestin, alors que l'isotype IgG est majoritaire dans le sérum. Ces résultats sont donc cohérents. En résumé, des modifications dans les taux des immunoglobulines sériques et fécales dans notre étude sont donc induites par au moins deux voies : via la stimulation des Ig naturelles qui sont responsables de la diversification du répertoire des cellules B périphériques ou/et via le « switch d'IgM » régulé par des actions synergiques des cytokines sécrétées par des cellules immunitaires.

Nous tirons deux conclusions principales de l'étude des corrélations. Les résultats que nous avons obtenus sont compatibles avec le modèle de fonctionnement du système immunitaire tel qu'il est admis actuellement. Que nos résultats rentrent bien dans ce modèle signifie que les données que nous avons collectées sont cohérentes. Cette observation renforce les conclusions des observations que nous avons faites à propos du rôle des différents nutriments étudiés dans la modulation du système immunitaire murin. En effet, dans ce type d'étude, comme il a été signalé ailleurs, les effets observés ne peuvent être que faibles et la question se pose toujours de savoir si les effets observés sont réels ou résultent d'une distribution aléatoire favorable. Le fait que nos données, indépendamment des régimes, soient cohérentes avec les données actuelles du système immunitaire va bien dans le sens d'un effet réel des nutriments étudiés.

La deuxième remarque concerne les méthodes d'analyse. Les immunologistes étudient l'orientation des réponses immunes à travers les phénotypes Th1, Th2 et Th17. En effet, l'étude de cette orientaion est importante. Un excès de réponse de type Th2 conduit à un terrain atopique et à des risques allergiques, et un excès de réponse Th1 ou Th17 conduit à un risque de maladie auto-immune. Or ces types de réponses s'inhibent mutuellement. D'où l'importance d'un bon équilibre entre ces différentes réponses. Jusqu'à aujourd'hui, ces types de réponses sont estimés en mesurant les différentes sous populations de lymphocytes CD4$^+$. Mais cette approche nécessite le dosage de cytokines intracellulaires. Ces dosages sont délicats car les cytokines ont des durées de vie faibles (quelques heures) et il faut réaliser un marquage intracellulaire. Dans nos protocoles, nous avons dosé deux types de cellules dendritiques qui participent à ces orientations. Il existe d'autres types de cellules dendritiques, caractérisés avec d'autres marqueurs, et ceux-ci sont relativement faciles à doser car il s'agit uniquement de marqueurs membranaires. Les CDs présentent aussi plus de phénotypes que les Th, tel que CD11c, CD8α, CD11b et CD4 (Johansson and Kelsall 2005), et sont plus faciles à mettre en évidence que les sous populations de Th. Elles nous semblent donc de meilleurs candidats que les Th pour définir un équilibre immunologique. C'est ce que montre en partie notre travail. Auparavant, il serait néanmoins prudent de s'assurer que les phénotypes connus des DCs entraînent bien l'apparition des phénotypes correspondants dans les sous populations de Th, ce que nous n'avons pas fait par manque de marqueurs utilisables avec notre cytomètre.

III Conclusion du travail

Nous avons étudié l'effet de la lactoferrine, des probiotiques et du SM3 sur la numération de *Lactobacillus* et *Bifidobacterium* fécaux, sur le système immunitaire périphérique et intestinal et sur le bilan lipidique sanguin chez les souris BALB/c. Sur la **figure 21**, nous avons récapitulé les principaux effets et nos hypothèses sur les mécanismes d'actions impliqués.

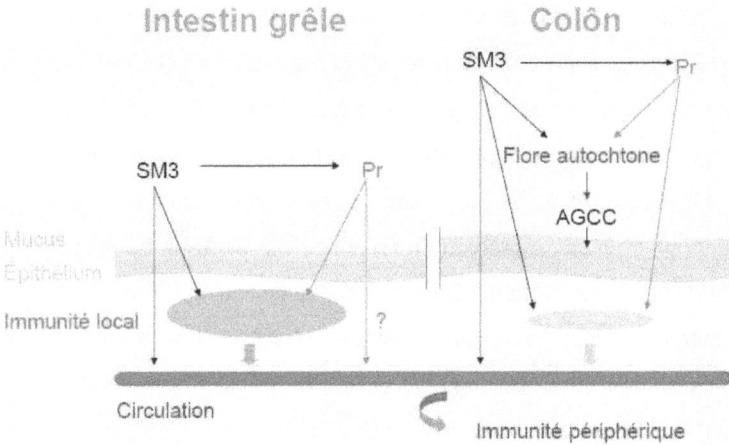

Figure 21 :hypothèse des mécanismes d'action impliqués.

La lactoferrine, des probiotiques et le SM3 semblent pouvoir stimuler le système immunitaire mais par différents mécanismes ou/et à différents niveaux. Par exemple, la lactoferrine modifie la partition des lymphocytes T dans les plaques de Peyer, sans aucun effet sur les DCs ni dans la rate ni dans les plaques de Peyer. Les probiotiques et le SM3, par contre, modifient plutôt le phénotypage des DCs vers une orientation du type Th1 sans changer le taux des lymphocytes total dans les deux organes immunitaires étudiés. Un autre exemple, intéressant est relié à l'activité phagocytaire : la lactoferrine augmente l'activité individuelle des cellules phagocytaires sans induire d'augmentation du nombre de cellules phagocytaires, du nombre de neutrophiles et du nombre de monocytes. Le SM3 augmente le pourcentage de monocytes phagocytant *E. coli* par induire plus de monocytes dans la rate. Les probiotiques font parvenir un nombre plus important de neutrophiles et de monocytes dans la rate, mais aussi dans les plaques de Peyer. Des études sur les corrélations entre l'activité phagocytaire et les deux populations bactériennes confirment l'effet des deux souches bactériennes sur cette activité. Comme le SM3 a tendance à favoriser la survie ou la multiplication des lactobacilles ; il pourrait stimuler l'activité phagocytaire au moins en partie par cette voie. Il convient cependant de ne pas ignorer l'effet propre des composants (des sphingolipides et des « prébiotiques » potentiels) du SM3. Le fait qu'il n'y ait pas d'interaction entre le MFI et le nombre de bactéries fécales est tout à fait attendu puisque ce dernier n'est pas modifié par la lactoferrine. La lactoferrine agit donc sur l'activité phagocytaire par d'autres mécanismes différents de ceux des probiotiques et du SM3.

En résumé, les trois ingrédients ont tous des répercussions sur le système immunitaire. A ce titre nous pouvons tous les qualifier d'ingrédients fonctionnels. Ils ont tous des propriétés immunomodulatrices qui sont parfois différentes selon que les ingrédients sont consommés seuls ou en association. Les mécanismes d'actions pourraient donc varier selon l'environnement de l'ingrédient ingéré.

IV Conclusion générale et perspectives

L'écosystème intestinal constitue un intermédiaire entre les aliments et l'hôte. Depuis plusieurs années, l'impact des aliments fonctionnels sur la nutrition et la physiologie de l'hôte a fait l'objet de nombreuses observations et études. Nos résultats sur la lactoferrine, les probiotiques et du SM3 ouvrent d'ores et déjà des perspectives intéressantes dans le cadre du développement d'une alimentation fonctionnelle.

La partie microbiologique de ce travail a démontré que les deux souches de bactéries lactiques, *Lactobacillus acidophilus* NCFM et *Bifidobacterium animalis* Bb12, administrées dans les régimes étaient capables de survivre au transit gastro-intestinal et se retrouvaient viables et cultivables dans les fèces. Ce résultat est important, notamment pour les bifidobactéries qui sont faiblement représentées chez la souris BALB/c. Il serait donc intéressant d'étudier plus de souches de bactéries bénéfiques dans un prochain travail. Ceci pourrait être effectué à deux niveaux, dans les fèces mais également à la surface de la muqueuse intestinale.

La partie immunologie de ce travail a contribué à montrer que la lactoferrine, des bactéries lactiques et le SM3 qui se trouvent tous fréquammant dans les produits laitiers sont capables d'induire des modifications de certains paramètres de l'immunité innée et acquise, locale et systémique. Aucun des trois ingrédients n'a d'effet délétère sur le système immunitaire et ce dernier demeure en état d'homéostasie à la vue du pourcentage des différents types de cellules immunitaires. Il aurait donc été intéressant de faire une étude plus approfondie sur les DCs ou/et les lymphocytes T. Un cytomètre plus performant permettrait d'observer quatre marqueurs biologiques (quatre couleurs) et de séparer les cellules plus finement. Un prochain travail pourrait aussi s'intéresser à d'autres sous populations des DC à l'aide de marqueurs CD45RA et/ou CD11. L'histologie serait une solution nous permettant d'observer le changement du nombre des cellules différentes capables de sécréter des cytokines de types différents. Ces expériences supplémentaires nous permettraient de confirmer certaines des conclusions de cette étude comme l'influence des régimes sur la modification du phénotypage des DCs vers une orientation des réponses du type Th1 et la tolérance aux antigènes alimentaires. Cependant nous pouvons faire une remarque concernant le choix du régime de base dans cette étude. Les effets observés auraient peut-être été différents si nous avions utilisé un régime de base équilibré mais avec une origine différente des sources de protéines, glucides et lipides. En effet, nous avons observé des différences entre le régime croquettes et le régime de base qui l'a suivi. De plus, le fond génétique de l'hôte a également de l'importance. Nous avons utilisé la souche BALB/c qui est la souche de souris la plus utilisée pour ce type d'étude. Ces souris sont consanguines. Une autre souche de souris aurait peut-être conduit à l'observation d'effets différents. Cependant, ce type d'étude est justifié car les effets observés (qui sont faibles) ne seraient certainement pas observables sur une population normale très polymorphe. Nous observerions sans doute dans ce cas des écarts-types importants qui masqueraient tout effet mesurable.

Par ailleurs, les résultats sur le cholestérol sanguin sont très encourageants. Dans ce travail, le rapport de NON-HDL$_{ch}$ et HDL$_{ch}$ qui est considéré comme un index d'arthérogénicité (Gordon, Probstfield et al. 1989; Jacobs, Mebane et al. 1990) est diminué par les régimes contenant des ingrédients fonctionnels. Cela confirme la théorie selon laquelle une modification des habitudes alimentaires, telle que la supplémentation des régimes par un ou plusieurs ingrédients fonctionnels est une "thérapie naturelle" pour l'amélioration de la distribution entre « bon » et « mauvais » cholestérol.

Ce travail a également mis en exergue les effets de l'ingrédient SM3. Cependant, il reste à préciser les doses qui permettent d'induire les effets recherchés sans nuire à l'hôte. Ainsi, compte tenu de la richesse en lipides du SM3, une consommation trop importante pourrait entraîner des effets indésirables (par exemple sur le cholestérol total). Il faudrait aussi étudier en détail la composition du SM3. L'étude des composants isolés, dans des conditions analogues à cette étude, permettrait d'identifier celui ou ceux qui sont responsables des effets observés. D'une façon plus générale, les ingrédients fonctionnels ne sont jamais consommés seuls, mais sont toujours mélangés dans les régimes (recettes) ou/et sont consommés avec d'autres aliments, il est donc plus intéressant et réaliste d'étudier l'effet d'association de différents ingrédients ou encore d'un produit fonctionnel existant déjà sur le marché.

Une lacune dans cette thèse est de n'avoir pas pu étudier les fonctions du troisième composant de l'écosystème intestinal, l'épithélium intestinal. Ceci est dû à la limite des échantillons disponibles chez la souris. Les intestins ont été utilisés pour le prélèvement des plaques de Peyer, il était donc difficile d'utiliser la muqueuse intestinale pour d'autres expériences. Dans un prochain travail, il faudrait pouvoir éclaircir l'effet de composants alimentaires sur des fonctions non liées à l'immunologie de la barrière intestinale (la maturation des cellules intestinales, les activités des enzymes digestives, la sécrétion de mucus par l'épithélium…).

Finalement, ce travail a contribué à défricher une bonne partie des effets potentiels des sphingolipides et du SM3 sur l'immunité et la nutrition. Il a aussi permis de valider *in vivo*, dans des conditions physiologiques, cetains effets des bactéries probiotiques. En ce qui concerne l'immunité, un résultat original est la recherche et la mise en évidence d'effets des trois ingrédients (lactoferrine, SM3 et probiotiques) sur les cellules dendritiques. Ce travail en appelle d'autres, afin de mieux comprendre les mécanismes impliqués dans ces différentes modulations.

BIBLIOGRAPHIE

Alam, M., T. Midtvedt, et al. (1994). "Differential cell kinetics in the ileum and colon of germfree rats." Scand J Gastroenterol **29**(5): 445-51.

Alliet, P., P. Scholtens, et al. (2007). "Effect of prebiotic galacto-oligosaccharide, long-chain fructo-oligosaccharide infant formula on serum cholesterol and triacylglycerol levels." Nutrition **23**(10): 719-23.

Altermann, E., W. M. Russell, et al. (2005). "Complete genome sequence of the probiotic lactic acid bacterium Lactobacillus acidophilus NCFM." Proc Natl Acad Sci U S A **102**(11): 3906-12.

Alvaro, E., C. Andrieux, et al. (2007). "Composition and metabolism of the intestinal microbiota in consumers and non-consumers of yogurt." Br J Nutr **97**(1): 126-33.

Anderson, B. F., H. M. Baker, et al. (1987). "Structure of human lactoferrin at 3.2-A resolution." Proc Natl Acad Sci U S A **84**(7): 1769-73.

Anderson, B. F., H. M. Baker, et al. (1989). "Structure of human lactoferrin: crystallographic structure analysis and refinement at 2.8 A resolution." J Mol Biol **209**(4): 711-34.

Anderson, J. W. and S. E. Gilliland (1999). "Effect of fermented milk (yogurt) containing Lactobacillus acidophilus L1 on serum cholesterol in hypercholesterolemic humans." J Am Coll Nutr **18**(1): 43-50.

Andersson, Y., S. Lindquist, et al. (2000). "Lactoferrin is responsible for the fungistatic effect of human milk." Early Hum Dev **59**(2): 95-105.

Appelmelk, B. J., Y. Q. An, et al. (1994). "Lactoferrin is a lipid A-binding protein." Infect Immun **62**(6): 2628-32.

Arao, S., S. Matsuura, et al. (1999). "Measurement of urinary lactoferrin as a marker of urinary tract infection." J Clin Microbiol **37**(3): 553-7.

Artym, J. and M. Zimecki (2007). "The effects of lactoferrin on myelopoiesis: can we resolve the controversy?" Postepy Hig Med Dosw (Online) **61**: 129-50.

Ashwell, M. (2002). "Concepts of junctional foods." ILSL Europe Concise Monograph.

Ayabe, T., D. P. Satchell, et al. (2000). "Secretion of microbicidal alpha-defensins by intestinal Paneth cells in response to bacteria." Nat Immunol **1**(2): 113-8.

Backhed, F., H. Ding, et al. (2004). "The gut microbiota as an environmental factor that regulates fat storage." Proc Natl Acad Sci U S A **101**(44): 15718-23.

Backhed, F., R. E. Ley, et al. (2005). "Host-bacterial mutualism in the human intestine." Science **307**(5717): 1915-20.

Backhed, F., J. K. Manchester, et al. (2007). "Mechanisms underlying the resistance to diet-induced obesity in germ-free mice." Proc Natl Acad Sci U S A **104**(3): 979-84.

Baldwin, G. S. (1993). "Comparison of transferrin sequences from different species." Comp Biochem Physiol B **106**(1): 203-18.

Balmer, S. E., P. H. Scott, et al. (1989). "Diet and faecal flora in the newborn: lactoferrin." Arch Dis Child **64**(12): 1685-90.

Bast, D. J., J. L. Brunton, et al. (1997). "Toxicity and immunogenicity of a verotoxin 1 mutant with reduced globotriaosylceramide receptor binding in rabbits." Infect Immun **65**(6): 2019-28.

Baumruker, T. and E. E. Prieschl (2002). "Sphingolipids and the regulation of the immune response." Semin Immunol **14**(1): 57-63.

Bennatt, D. J. and D. D. McAbee (1997). "Identification and isolation of a 45-kDa calcium-dependent lactoferrin receptor from rat hepatocytes." Biochemistry **36**(27): 8359-66.

Bennett, R. M. and J. Davis (1981). "Lactoferrin binding to human peripheral blood cells: an interaction with a B-enriched population of lymphocytes and a subpopulation of adherent mononuclear cells." J Immunol **127**(3): 1211-6.

Berg, R. D. (1996). "The indigenous gastrointestinal microflora." Trends Microbiol **4**(11): 430-5.

Bernardeau, M., M. Guguen, et al. (2006). "Beneficial lactobacilli in food and feed: long-term use, biodiversity and proposals for specific and realistic safety assessments." FEMS Microbiol Rev **30**(4): 487-513.

Bettelli, E., T. Korn, et al. (2007). "Th17: the third member of the effector T cell trilogy." Curr Opin Immunol **19**(6): 652-7.

Bezkorovainy, A. (2001). "Probiotics: determinants of survival and growth in the gut." Am J Clin Nutr **73**(2 Suppl): 399S-405S.

Bhatnagar, S. and R. Aggarwal (2007). "Lactose intolerance." Bmj **334**(7608): 1331-2.

Bi, B. Y., A. M. Lefebvre, et al. (1997). "Effect of lactoferrin on proliferation and differentiation of the Jurkat human lymphoblastic T cell line." Arch Immunol Ther Exp (Warsz) **45**(4): 315-20.

Bi, B. Y., B. Leveugle, et al. (1994). "Immunolocalization of the lactotransferrin receptor on the human T lymphoblastic cell line Jurkat." Eur J Cell Biol **65**(1): 164-71.

Bilsborough, J., T. C. George, et al. (2003). "Mucosal CD8alpha+ DC, with a plasmacytoid phenotype, induce differentiation and support function of T cells with regulatory properties." Immunology **108**(4): 481-92.

Birgens, H. S., N. E. Hansen, et al. (1983). "Receptor binding of lactoferrin by human monocytes." Br J Haematol **54**(3): 383-91.

Biserte, G., R. Havez, et al. (1963). "[the Glycoproteins of Bronchial Secretions.]." Expos Annu Biochim Med **24**: 85-120.

Blomberg, L., H. C. Krivan, et al. (1993). "Piglet ileal mucus contains protein and glycolipid (galactosylceramide) receptors specific for Escherichia coli K88 fimbriae." Infect Immun **61**(6): 2526-31.

Bolin, D. J. and A. Jonas (1996). "Sphingomyelin inhibits the lecithin-cholesterol acyltransferase reaction with reconstituted high density lipoproteins by decreasing enzyme binding." J Biol Chem **271**(32): 19152-8.

Bondada, S., H. Wu, et al. (2000). "Accessory cell defect in unresponsiveness of neonates and aged to polysaccharide vaccines." Vaccine **19**(4-5): 557-65.

Bourlioux, P., B. Koletzko, et al. (2003). "The intestine and its microflora are partners for the protection of the host: report on the Danone Symposium "The Intelligent Intestine," held in Paris, June 14, 2002." Am J Clin Nutr **78**(4): 675-83.

Braun-Fahrlander, C. (2002). "Does the 'hygiene hypothesis' provide an explanation for the relatively low prevalence of asthma in Bangladesh?" Int J Epidemiol **31**(2): 488-9.

Breitman, T. R., S. E. Selonick, et al. (1980). "Induction of differentiation of the human promyelocytic leukemia cell line (HL-60) by retinoic acid." Proc Natl Acad Sci U S A **77**(5): 2936-40.

Britigan, B. E., J. S. Serody, et al. (1991). "Uptake of lactoferrin by mononuclear phagocytes inhibits their ability to form hydroxyl radical and protects them from membrane autoperoxidation." J Immunol **147**(12): 4271-7.

Broadbent, J. R., D. J. McMahon, et al. (2003). "Biochemistry, genetics, and applications of exopolysaccharide production in Streptococcus thermophilus: a review." J Dairy Sci **86**(2): 407-23.

Brock, J. (1995). "Lactoferrin: a multifunctional immunoregulatory protein?" Immunol Today **16**(9): 417-9.

Brock, J. H. (1980). "Lactoferrin in human milk: its role in iron absorption and protection against enteric infection in the newborn infant." Arch Dis Child **55**(6): 417-21.

Broxmeyer, H. E., D. E. Williams, et al. (1988). "Synergistic interaction of hematopoietic colony stimulating and growth factors in the regulation of myelopoiesis." Behring Inst Mitt(83): 80-4.

Broxmeyer, H. E., D. E. Williams, et al. (1987). "The opposing actions in vivo on murine myelopoiesis of purified preparations of lactoferrin and the colony stimulating factors." Blood Cells **13**(1-2): 31-48.

Buccigrossi, V., G. de Marco, et al. (2007). "Lactoferrin induces concentration-dependent functional modulation of intestinal proliferation and differentiation." Pediatr Res **61**(4): 410-4.

Calder, P. C. and S. Kew (2002). "The immune system: a target for functional foods?" Br J Nutr **88 Suppl 2**: S165-77.

Campbell, N., X. Y. Yio, et al. (1999). "The intestinal epithelial cell: processing and presentation of antigen to the mucosal immune system." Immunol Rev **172**: 315-24.

Carlisle, M. S., D. D. McGregor, et al. (1991). "The role of the antibody Fc region in rapid expulsion of Trichinella spiralis in suckling rats." Immunology **74**(3): 552-8.

Cavaillon, J. M. (2001). "Pro- versus anti-inflammatory cytokines: myth or reality." Cell Mol Biol (Noisy-le-grand) **47**(4): 695-702.

Cebra, J. J. (1999). "Influences of microbiota on intestinal immune system development." Am J Clin Nutr **69**(5): 1046S-1051S.

Chalfant, C. E. and S. Spiegel (2005). "Sphingosine 1-phosphate and ceramide 1-phosphate: expanding roles in cell signaling." J Cell Sci **118**(Pt 20): 4605-12.

Chandra Mohan, K. V., H. Devaraj, et al. (2006). "Antiproliferative and apoptosis inducing effect of lactoferrin and black tea polyphenol combination on hamster buccal pouch carcinogenesis." Biochim Biophys Acta **1760**(10): 1536-44.

Chatterjee, S. (1993). "Neutral sphingomyelinase increases the binding, internalization, and degradation of low density lipoproteins and synthesis of cholesteryl ester in cultured human fibroblasts." J Biol Chem **268**(5): 3401-6.

Cheng, H. and C. P. Leblond (1974). "Origin, differentiation and renewal of the four main epithelial cell types in the mouse small intestine. Parts I-V. ." Am J Anat **141**: 461-562.

Chikai, T., H. Nakao, et al. (1987). "Deconjugation of bile acids by human intestinal bacteria implanted in germ-free rats." Lipids **22**(9): 669-71.

Chiu, C. H., T. Y. Lu, et al. (2006). "The effects of Lactobacillus-fermented milk on lipid metabolism in hamsters fed on high-cholesterol diet." Appl Microbiol Biotechnol **71**(2): 238-45.

Collier-Hyams, L. S. and A. S. Neish (2005). "Innate immune relationship between commensal flora and the mammalian intestinal epithelium." Cell Mol Life Sci **62**(12): 1339-48.

Contor, L. (2001). "Functional Food Science in Europe." Nutr Metab Cardiovasc Dis **11**(4 Suppl): 20-3.

Coombes, J. L. and K. J. Maloy (2007). "Control of intestinal homeostasis by regulatory T cells and dendritic cells." Semin Immunol **19**(2): 116-26.

Corfield, A. P., N. Myerscough, et al. (2000). "Mucins and mucosal protection in the gastrointestinal tract: new prospects for mucins in the pathology of gastrointestinal disease." Gut **47**(4): 589-94.

Corrieu, Georges, et al. (2005). "Bactéries lactiques et probiotiques ".

Coudray, C., J. Bellanger, et al. (1997). "Effect of soluble or partly soluble dietary fibres supplementation on absorption and balance of calcium, magnesium, iron and zinc in healthy young men." Eur J Clin Nutr **51**(6): 375-80.

Coyne, M. J., B. Reinap, et al. (2005). "Human symbionts use a host-like pathway for surface fucosylation." Science **307**(5716): 1778-81.

Crouch, S. P., K. J. Slater, et al. (1992). "Regulation of cytokine release from mononuclear cells by the iron-binding protein lactoferrin." Blood **80**(1): 235-40.

Cuvillier, O., L. Edsall, et al. (2000). "Involvement of sphingosine in mitochondria-dependent Fas-induced apoptosis of type II Jurkat T cells." J Biol Chem **275**(21): 15691-700.

Cuvillier, O., G. Pirianov, et al. (1996). "Suppression of ceramide-mediated programmed cell death by sphingosine-1-phosphate." Nature **381**(6585): 800-3.

Damiens, E., I. El Yazidi, et al. (1998). "Role of heparan sulphate proteoglycans in the regulation of human lactoferrin binding and activity in the MDA-MB-231 breast cancer cell line." Eur J Cell Biol **77**(4): 344-51.

Davidson, M. H., K. C. Maki, et al. (1998). "Long-term effects of consuming foods containing psyllium seed husk on serum lipids in subjects with hypercholesterolemia." Am J Clin Nutr **67**(3): 367-76.

Davidsson, L., P. Kastenmayer, et al. (1994). "Influence of lactoferrin on iron absorption from human milk in infants." Pediatr Res **35**(1): 117-24.

de Moreno de LeBlanc, J. Valdéz, et al. (2004). "Regulatory effect of yoghurt on intestinal inflammatory immune response." Eur. J. Inflamm **2**: 21-61.

de Moreno de LeBlanc, A., C. Maldonado Galdeano, et al. (2005). "Oral administration of L. casei CRL 431 increases immunity in bronchus and mammary glands." Eur. J. Inflamm. **3**: 23-28.

de Moreno de LeBlanc, A., S. Chaves, et al. (2007). "Effect of long-term continuous consumption of fermented milk containing probiotic bacteria on mucosal immunity and the activity of peritoneal macrophages." Immunobiology (2007), doi:10.1016/j.imbio.2007.07.002.

de Roos, N. M., G. Schouten, et al. (1999). "Yoghurt enriched with Lactobacillus acidophilus does not lower blood lipids in healthy men and women with normal to borderline high serum cholesterol levels." Eur J Clin Nutr **53**(4): 277-80.

De Simone, C., B. Bianchi Salvadori, et al. (1986). "The adjuvant effect of yogurt on production of gamma-interferon by ConA-stimulated human peripheral blood lymphocytes." Nutrition Reports International **33**: 419-433.

De Simone, C., E. Rosati, et al. (1991). "Probiotics and stimulation of the immune response " European Journal of Clinical Nutrition **45(Suppl.)** 32-34.

Dillehay, D. L., S. K. Webb, et al. (1994). "Dietary sphingomyelin inhibits 1,2-dimethylhydrazine-induced colon cancer in CF1 mice." J Nutr **124**(5): 615-20.

Doron, S. and S. L. Gorbach (2006). "Probiotics: their role in the treatment and prevention of disease." Expert Rev Anti Infect Ther **4**(2): 261-75.

Downes, F. P., T. J. Barrett, et al. (1988). "Affinity purification and characterization of Shiga-like toxin II and production of toxin-specific monoclonal antibodies." Infect Immun **56**(8): 1926-33.

Drouault, S. and G. Corthier (2001). "[Health effects of lactic acid bacteria ingested in fermented milk.]." Vet Res **32**(2): 101-17.

Dubos, R., R. W. Schaedler, et al. (1965). "Indigenous, Normal, and Autochthonous Flora of the Gastrointestinal Tract." J Exp Med **122**: 67-76.

Ducluzeau, R. (1969). "[Influence of the zoological species on the microflora of the gastrointestinal tract]." Rev Immunol Ther Antimicrob **33**(6): 345-83.

Duobos, R., R. W. Schaedler, et al. (1963). "Composition, Alteration, and Effects of the Intestinal Flora." Fed Proc **22**: 1322-9.

Eckburg, P. B., E. M. Bik, et al. (2005). "Diversity of the human intestinal microbial flora." Science **308**(5728): 1635-8.

Eckmann, L., H. C. Jung, et al. (1993). "Differential cytokine expression by human intestinal epithelial cell lines: regulated expression of interleukin 8." Gastroenterology **105**(6): 1689-97.

Eckmann, L., M. F. Kagnoff, et al. (1993). "Epithelial cells secrete the chemokine interleukin-8 in response to bacterial entry." Infect Immun **61**(11): 4569-74.

Eckmann, L., M. F. Kagnoff, et al. (1995). "Intestinal epithelial cells as watchdogs for the natural immune system." Trends Microbiol **3**(3): 118-20.

Eivazova, E. R., Y. S. Vassetzky, et al. (2007). "Selective matrix attachment regions in T helper cell subsets support loop conformation in the Ifng gene." Genes Immun **8**(1): 35-43.

Ellison, R. T., 3rd, T. J. Giehl, et al. (1988). "Damage of the outer membrane of enteric gram-negative bacteria by lactoferrin and transferrin." Infect Immun **56**(11): 2774-81.

Epand, R. M., S. Nir, et al. (1995). "The role of the ganglioside GD1a as a receptor for Sendai virus." Biochemistry **34**(3): 1084-9.

Ezendam, J. and H. van Loveren (2008). "Lactobacillus casei Shirota administered during lactation increases the duration of autoimmunity in rats and enhances lung inflammation in mice." Br J Nutr **99**(1): 83-90.

Fabian, E. and I. Elmadfa (2006). "Influence of daily consumption of probiotic and conventional yoghurt on the plasma lipid profile in young healthy women." Ann Nutr Metab **50**(4): 387-93.

Falk, P. G., L. V. Hooper, et al. (1998). "Creating and maintaining the gastrointestinal ecosystem: what we know and need to know from gnotobiology." Microbiol Mol Biol Rev **62**(4): 1157-70.

Fantini, J., D. Hammache, et al. (1997). "Synthetic soluble analogs of galactosylceramide (GalCer) bind to the V3 domain of HIV-1 gp120 and inhibit HIV-1-induced fusion and entry." J Biol Chem **272**(11): 7245-52.

FAO/WHO (2001). "Health and nutritional properties of probiotics in food including powder milk with live lactic acid bacteria ."

Fayette, J., B. Dubois, et al. (1997). "Human dendritic cells skew isotype switching of CD40-activated naive B cells towards IgA1 and IgA2." J Exp Med **185**(11): 1909-18.

Felley, C. and P. Michetti (2003). "Probiotics and Helicobacter pylori." Best Pract Res Clin Gastroenterol **17**(5): 785-91.

Fernandez-Banares, F. (2006). "Nutritional care of the patient with constipation." <u>Best Pract Res Clin Gastroenterol</u> **20**(3): 575-87.

Finkelstein, R. A., C. V. Sciortino, et al. (1983). "Role of iron in microbe-host interactions." <u>Rev Infect Dis</u> **5 Suppl 4**: S759-77.

Fioramonti, J., V. Theodorou, et al. (2003). "Probiotics: what are they? What are their effects on gut physiology?" <u>Best Practice & Research Clinical Gastroenterology</u> **17**(5): 711-724.

Fiordaliso, M., N. Kok, et al. (1995). "Dietary oligofructose lowers triglycerides, phospholipids and cholesterol in serum and very low density lipoproteins of rats." <u>Lipids</u> **30**(2): 163-7.

Fischer, R., H. Debbabi, et al. (2006). "Regulation of physiological and pathological Th1 and Th2 responses by lactoferrin." <u>Biochem Cell Biol</u> **84**(3): 303-11.

Freitas, A. A., A. C. Viale, et al. (1991). "Normal serum immunoglobulins participate in the selection of peripheral B-cell repertoires." <u>Proc Natl Acad Sci U S A</u> **88**(13): 5640-4.

Freitas, M., L. G. Axelsson, et al. (2002). "Microbial-host interactions specifically control the glycosylation pattern in intestinal mouse mucosa." <u>Histochem Cell Biol</u> **118**(2): 149-61.

Freitas, M., C. Cayuela, et al. (2001). "A heat labile soluble factor from Bacteroides thetaiotaomicron VPI-5482 specifically increases the galactosylation pattern of HT29-MTX cells." <u>Cell Microbiol</u> **3**(5): 289-300.

Freitas, M., E. Tavan, et al. (2003). "Host-pathogens cross-talk. Indigenous bacteria and probiotics also play the game." <u>Biol Cell</u> **95**(8): 503-6.

Fujihashi, K., M. N. Kweon, et al. (1997). "A T cell/B cell/epithelial cell internet for mucosal inflammation and immunity." <u>Springer Semin Immunopathol</u> **18**(4): 477-94.

Fukami, M., P. Stierna, et al. (1993). "Lysozyme and lactoferrin in human maxillary sinus mucosa during chronic sinusitis. An immunohistochemical study." <u>Eur Arch Otorhinolaryngol</u> **250**(3): 133-9.

Fuller, R. (1989). "Probiotics in man and animals." <u>J Appl Bacteriol</u> **66**(5): 365-78.

Fuller, R. and G. Perdigon (2003). "Gut flora, nutrition, immunity and health."

Furness, J. B., W. A. Kunze, et al. (1999). "Nutrient tasting and signaling mechanisms in the gut. II. The intestine as a sensory organ: neural, endocrine, and immune responses." <u>Am J Physiol</u> **277**(5 Pt 1): G922-8.

Futerman, A. H. and Y. A. Hannun (2004). "The complex life of simple sphingolipids." EMBO Rep **5**(8): 777-82.

Gahr, M., C. P. Speer, et al. (1991). "Influence of lactoferrin on the function of human polymorphonuclear leukocytes and monocytes." J Leukoc Biol **49**(5): 427-33.

Galdeano, C. M., A. de Moreno de LeBlanc, et al. (2007). "Proposed model: mechanisms of immunomodulation induced by probiotic bacteria." Clin Vaccine Immunol **14**(5): 485-92.

Galdeano, C. M. and G. Perdigon (2004). "Role of viability of probiotic strains in their persistence in the gut and in mucosal immune stimulation." J Appl Microbiol **97**(4): 673-81.

Garmy, N., N. Taieb, et al. (2005). "Interaction of cholesterol with sphingosine: physicochemical characterization and impact on intestinal absorption." J Lipid Res **46**(1): 36-45.

Garvie, E. I., C. B. Cole, et al. (1984). "The effect of yoghurt on some components of the gut microflora and on the metabolism of lactose in the rat." J Appl Bacteriol **56**(2): 237-45.

Geier, M. S., R. N. Butler, et al. (2007). "Lactobacillus fermentum BR11, a potential new probiotic, alleviates symptoms of colitis induced by dextran sulfate sodium (DSS) in rats." Int J Food Microbiol **114**(3): 267-74.

Genetet, N. (2005). Immunologie (4° Ed.) Lavoisier.

Gershwin, M. E. and E. Schiffrin (2002). "Probiotics and immunity. Introduction." Clin Rev Allergy Immunol **22**(3): 205-6.

Gibson, G. R. and M. B. Roberfroid (1995). "Dietary modulation of the human colonic microbiota: introducing the concept of prebiotics." J Nutr **125**(6): 1401-12.

Gill, H. (1998). "Stimulation of the immune system by lactic cultures." International Dairy Journal **8**: 535-544.

Gill, H. S. (1998). "Stimulation of the Immune System by Lactic Cultures." International Dairy Journal **8**(5-6): 535-544.

Gill, H. S. (2003). "Probiotics to enhance anti-infective defences in the gastrointestinal tract." Best Pract Res Clin Gastroenterol **17**(5): 755-73.

Gill, H. S., K. J. Rutherfurd, et al. (2000). "Enhancement of natural and acquired immunity by Lactobacillus rhamnosus (HN001), Lactobacillus acidophilus (HN017) and Bifidobacterium lactis (HN019)." Br J Nutr **83**(2): 167-76.

Gislason, J., S. Iyer, et al. (1994). "Binding of porcine milk lactoferrin to piglet intestinal lactoferrin receptor." Adv Exp Med Biol **357**: 239-44.

Glintborg, B. and A. M. Nielsen (2004). "[Probiotic therapy: mechanisms of action and indications in adult gastrointestinal disease]." Ugeskr Laeger **166**(3): 135-9.

Gnezditskaya, É. V., V. P. Bukhova, et al. (1987). "Lactoferrin-induced stimulation of Fcμ and Fcγ receptor expression on the surface of human thymus lymphocytes in vitro " Bulletin of Experimental Biology and Medicine **Volume 103**: 506-509.

Goetzl, E. J., Y. Kong, et al. (1999). "Lysophosphatidic acid and sphingosine 1-phosphate protection of T cells from apoptosis in association with suppression of Bax." J Immunol **162**(4): 2049-56.

Goldman, A. S., C. Garza, et al. (1990). "Molecular forms of lactoferrin in stool and urine from infants fed human milk." Pediatr Res **27**(3): 252-5.

Goldsby, R. A., T. J. Kindt, et al. (2000). "*Immunology* ".

Gomes, A. M. P. and F. X. Malcata (1999). "Bifidobacterium spp. and Lactobacillus acidophilus: biological, biochemical, technological and therapeutical properties relevant for use as probiotics." Trends in Food Science & Technology **10**(4-5): 139-157.

Gomez-Munoz, A., J. Kong, et al. (2003). "Sphingosine-1-phosphate inhibits acid sphingomyelinase and blocks apoptosis in macrophages." FEBS Lett **539**(1-3): 56-60.

Gomez-Munoz, A., J. Y. Kong, et al. (2004). "Ceramide-1-phosphate blocks apoptosis through inhibition of acid sphingomyelinase in macrophages." J Lipid Res **45**(1): 99-105.

Goni, F. M. and A. Alonso (2006). "Biophysics of sphingolipids I. Membrane properties of sphingosine, ceramides and other simple sphingolipids." Biochimica et Biophysica Acta (BBA) - Biomembranes **1758**(12): 1902-1921.

Gordon, D. J., J. L. Probstfield, et al. (1989). "High-density lipoprotein cholesterol and cardiovascular disease. Four prospective American studies." Circulation **79**(1): 8-15.

Gosselink, M. P., W. R. Schouten, et al. (2004). "Delay of the first onset of pouchitis by oral intake of the probiotic strain Lactobacillus rhamnosus GG." Dis Colon Rectum **47**(6): 876-84.

Granato, D., G. E. Bergonzelli, et al. (2004). "Cell surface-associated elongation factor Tu mediates the attachment of Lactobacillus johnsonii NCC533 (La1) to human intestinal cells and mucins." Infect Immun **72**(4): 2160-9.

Grassme, H., E. Gulbins, et al. (1997). "Acidic sphingomyelinase mediates entry of N. gonorrhoeae into nonphagocytic cells." Cell **91**(5): 605-15.

Grassme, H., A. Riehle, et al. (2005). "Rhinoviruses infect human epithelial cells via ceramide-enriched membrane platforms." J Biol Chem **280**(28): 26256-62.

Gray-Owen, S. D. and A. B. Schryvers (1996). "Bacterial transferrin and lactoferrin receptors." Trends Microbiol **4**(5): 185-91.

Grey, A., Q. Zhu, et al. (2006). "Lactoferrin potently inhibits osteoblast apoptosis, via an LRP1-independent pathway." Mol Cell Endocrinol **251**(1-2): 96-102.

Griffiths, C. E., M. Cumberbatch, et al. (2001). "Exogenous topical lactoferrin inhibits allergen-induced Langerhans cell migration and cutaneous inflammation in humans." Br J Dermatol **144**(4): 715-25.

Grunewald, K. K. (1982). "Serum cholesterol levels in rats fed skim milk fermented by *Lactobacillus acidophilus*." J.Food Sci. **47:2078-2079.**

Guandalini, S. (2002). "Use of Lactobacillus-GG in paediatric Crohn's disease." Dig Liver Dis **34 Suppl 2**: S63-5.

Hagiwara, T., I. Shinoda, et al. (1995). "Effects of lactoferrin and its peptides on proliferation of rat intestinal epithelial cell line, IEC-18, in the presence of epidermal growth factor." Biosci Biotechnol Biochem **59**(10): 1875-81.

Hanada, K. (2005). "Sphingolipids in infectious diseases." Jpn J Infect Dis **58**(3): 131-48.

Hanada, K., K. Kumagai, et al. (2003). "Molecular machinery for non-vesicular trafficking of ceramide." Nature **426**(6968): 803-9.

Hao, W. L. and Y. K. Lee (2004). "Microflora of the gastrointestinal tract: a review." Methods Mol Biol **268**: 491-502.

Harder, T. and K. Simons (1997). "Caveolae, DIGs, and the dynamics of sphingolipid-cholesterol microdomains." Curr Opin Cell Biol **9**(4): 534-42.

Hartog, A., I. Leenders, et al. (2007). "Anti-inflammatory effects of orally ingested lactoferrin and glycine in different zymosan-induced inflammation models: Evidence for synergistic activity." Int Immunopharmacol **7**(13): 1784-92.

Hatcher, G. E. and R. S. Lambrecht (1993). "Augmentation of macrophage phagocytic activity by cell-free extracts of selected lactic acid-producing bacteria." J Dairy Sci **76**(9): 2485-92.

He, T., M. G. Priebe, et al. (2007). "Effects of yogurt and bifidobacteria supplementation on the colonic microbiota in lactose-intolerant subjects." J Appl Microbiol.

Hepner, G., R. Fried, et al. (1979). "Hypocholesterolemic effect of yogurt and milk." Am J Clin Nutr **32**(1): 19-24.

Hershberg, R. M. and L. F. Mayer (2000). "Antigen processing and presentation by intestinal epithelial cells - polarity and complexity." Immunol Today 21(3): 123-8.

Hoek, K. S., J. M. Milne, et al. (1997). "Antibacterial activity in bovine lactoferrin-derived peptides." Antimicrob Agents Chemother 41(1): 54-9.

Hooper, L. V. and J. I. Gordon (2001). "Commensal host-bacterial relationships in the gut." Science 292(5519): 1115-8.

Hooper, L. V., T. Midtvedt, et al. (2002). "How host-microbial interactions shape the nutrient environment of the mammalian intestine." Annu Rev Nutr 22: 283-307.

Hooper, L. V., T. S. Stappenbeck, et al. (2003). "Angiogenins: a new class of microbicidal proteins involved in innate immunity." Nat Immunol 4(3): 269-73.

Hooper, L. V., M. H. Wong, et al. (2001). "Molecular analysis of commensal host-microbial relationships in the intestine." Science 291(5505): 881-4.

Hopkins, M. J. and G. T. Macfarlane (2002). "Changes in predominant bacterial populations in human faeces with age and with Clostridium difficile infection." J Med Microbiol 51(5): 448-54.

Horwitz, D. A., A. C. Bakke, et al. (1984). "Monocyte and NK cell cytotoxic activity in human adherent cell preparations: discriminating effects of interferon and lactoferrin." J Immunol 132(5): 2370-4.

Hu, W. L., J. Mazurier, et al. (1988). "Lactotransferrin receptor of mouse small-intestinal brush border. Binding characteristics of membrane-bound and triton X-100-solubilized forms." Biochem J 249(2): 435-41.

Huang, F. P., N. Platt, et al. (2000). "A discrete subpopulation of dendritic cells transports apoptotic intestinal epithelial cells to T cell areas of mesenteric lymph nodes." J Exp Med 191(3): 435-44.

Husebye, E., P. M. Hellstrom, et al. (2001). "Influence of microbial species on small intestinal myoelectric activity and transit in germ-free rats." Am J Physiol Gastrointest Liver Physiol 280(3): G368-80.

Hutt, P., J. Shchepetova, et al. (2006). "Antagonistic activity of probiotic lactobacilli and bifidobacteria against entero- and uropathogens." J Appl Microbiol 100(6): 1324-32.

Huttner, K. M. and C. L. Bevins (1999). "Antimicrobial peptides as mediators of epithelial host defense." Pediatr Res 45(6): 785-94.

Imaizumi, K., A. Tominagaa, et al. (1992). "Effects of dietary sphingolipids on levels of serum and liver lipids in rats " Nutrition Research 12,April-May 1992(4-5): 543-548

Isolauri, E., S. Rautava, et al. (2002). "Role of probiotics in food hypersensitivity." Curr Opin Allergy Clin Immunol **2**(3): 263-71.

Isolauri, E., S. Salminen, et al. (2004). "Microbial-gut interactions in health and disease. Probiotics." Best Pract Res Clin Gastroenterol **18**(2): 299-313.

Iwasaki, A. and B. L. Kelsall (1999). "Freshly isolated Peyer's patch, but not spleen, dendritic cells produce interleukin 10 and induce the differentiation of T helper type 2 cells." J Exp Med **190**(2): 229-39.

Iwasaki, A. and B. L. Kelsall (2001). "Unique functions of CD11b+, CD8 alpha+, and double-negative Peyer's patch dendritic cells." J Immunol **166**(8): 4884-90.

Jackson, M. S., A. R. Bird, et al. (2002). "Comparison of two selective media for the detection and enumeration of Lactobacilli in human faeces." J Microbiol Methods **51**(3): 313-21.

Jacobs, D. R., Jr., I. L. Mebane, et al. (1990). "High density lipoprotein cholesterol as a predictor of cardiovascular disease mortality in men and women: the follow-up study of the Lipid Research Clinics Prevalence Study." Am J Epidemiol **131**(1): 32-47.

Jang, M. H., M. N. Kweon, et al. (2004). "Intestinal villous M cells: an antigen entry site in the mucosal epithelium." Proc Natl Acad Sci U S A **101**(16): 6110-5.

Jatoi, A., V. J. Suman, et al. (2003). "A phase II study of topical ceramides for cutaneous breast cancer." Breast Cancer Res Treat **80**(1): 99-104.

Jenssen, H., J. H. Andersen, et al. (2004). "Anti-HSV activity of lactoferricin analogues is only partly related to their affinity for heparan sulfate." Antiviral Res **61**(2): 101-9.

Jian, B., M. de la Llera-Moya, et al. (1997). "Modification of the cholesterol efflux properties of human serum by enrichment with phospholipid." J Lipid Res **38**(4): 734-44.

Johann, S., G. Blumel, et al. (1995). "A versatile flow cytometry-based assay for the determination of short- and long-term natural killer cell activity." J Immunol Methods **185**(2): 209-16.

Johansson, C. and B. L. Kelsall (2005). "Phenotype and function of intestinal dendritic cells." Semin Immunol **17**(4): 284-94.

Johnson, K. R., K. Y. Johnson, et al. (2005). "Immunohistochemical distribution of sphingosine kinase 1 in normal and tumor lung tissue." J Histochem Cytochem **53**(9): 1159-66.

Jones, E. M., A. Smart, et al. (1994). "Lactoferricin, a new antimicrobial peptide." J Appl Bacteriol **77**(2): 208-14.

Jung, H. C., L. Eckmann, et al. (1995). "A distinct array of proinflammatory cytokines is expressed in human colon epithelial cells in response to bacterial invasion." J Clin Invest **95**(1): 55-65.

Juntunen, M., P. V. Kirjavainen, et al. (2001). "Adherence of probiotic bacteria to human intestinal mucus in healthy infants and during rotavirus infection." Clin Diagn Lab Immunol **8**(2): 293-6.

Kagnoff, M. F. and L. Eckmann (1997). "Epithelial cells as sensors for microbial infection." J Clin Invest **100**(1): 6-10.

Kaito, M., M. Iwasa, et al. (2007). "Effect of lactoferrin in patients with chronic hepatitis C: combination therapy with interferon and ribavirin." J Gastroenterol Hepatol **22**(11): 1894-7.

Kaminogawa, S. (1996). "Food allergy, oral tolerance and immunomodulation--their molecular and cellular mechanisms." Biosci Biotechnol Biochem **60**(11): 1749-56.

Kato, I., T. Yokokawa, et al. (1981). "Antitumor activity of Lactobacillus casei in mice." Japanese Journal of Cancer Research (Gann) **72**: 517-523.

Kawakami, H., S. Dosako, et al. (1990). "Iron uptake from transferrin and lactoferrin by rat intestinal brush-border membrane vesicles." Am J Physiol **258**(4 Pt 1): G535-41.

Kawakami, H. and B. Lonnerdal (1991). "Isolation and function of a receptor for human lactoferrin in human fetal intestinal brush-border membranes." Am J Physiol **261**(5 Pt 1): G841-6.

Kawasaki, Y., K. Sato, et al. (2000). "Role of basic residues of human lactoferrin in the interaction with B lymphocytes." Biosci Biotechnol Biochem **64**(2): 314-8.

Kawasaki, Y., S. Tazume, et al. (2000). "Inhibitory effects of bovine lactoferrin on the adherence of enterotoxigenic Escherichia coli to host cells." Biosci Biotechnol Biochem **64**(2): 348-54.

Keijser, S., M. J. Jager, et al. (2008). "Lactoferrin Glu561Asp polymorphism is associated with susceptibility to herpes simplex keratitis." Exp Eye Res **86**(1): 105-9.

Kelly, D., S. Conway, et al. (2005). "Commensal gut bacteria: mechanisms of immune modulation." Trends Immunol **26**(6): 326-33.

Keusch, G. T., M. Jacewicz, et al. (1995). "Globotriaosylceramide, Gb3, is an alternative functional receptor for Shiga-like toxin 2e." Infect Immun **63**(3): 1138-41.

Kiessling, G., J. Schneider, et al. (2002). "Long-term consumption of fermented dairy products over 6 months increases HDL cholesterol." Eur J Clin Nutr **56**(9): 843-9.

Kim, C. W., K. N. Son, et al. (2006). "Human lactoferrin upregulates expression of KDR/Flk-1 and stimulates VEGF-A-mediated endothelial cell proliferation and migration." FEBS Lett **580**(18): 4332-6.

Kitazawa, H., T. Itoh, et al. (1996). "Induction of IFN-gamma and IL-1 alpha production in macrophages stimulated with phosphopolysaccharide produced by Lactococcus lactis ssp. cremoris." Int J Food Microbiol **31**(1-3): 99-106.

Kleerebezem, M., J. Boekhorst, et al. (2003). "Complete genome sequence of Lactobacillus plantarum WCFS1." Proc Natl Acad Sci U S A **100**(4): 1990-5.

Kobayashi, T., T. Shimizugawa, et al. (1997). "A long-term feeding of sphingolipids affected the levels of plasma cholesterol and hepatic triacylglycerol but not tissue phospholipids and sphingolipids." Nutr. Res. **17**: 111-114.

Kolars, J. C., M. D. Levitt, et al. (1984). "Yogurt--an autodigesting source of lactose." N Engl J Med **310**(1): 1-3.

Kolesnick, R. N. and M. Kronke (1998). "Regulation of ceramide production and apoptosis." Annu Rev Physiol **60**: 643-65.

Kolter, T. and K. Sandhoff (2005). "Principles of lysosomal membrane digestion: stimulation of sphingolipid degradation by sphingolipid activator proteins and anionic lysosomal lipids." Annu Rev Cell Dev Biol **21**: 81-103.

Kopp-Hoolihan, L. (2001). "Prophylactic and therapeutic uses of probiotics: a review." J Am Diet Assoc **101**(2): 229-38; quiz 239-41.

Korzenik, J. R. and D. K. Podolsky (2006). "Evolving knowledge and therapy of inflammatory bowel disease." Nat Rev Drug Discov **5**(3): 197-209.

Kraehenbuhl, J. P. and M. R. Neutra (1992). "Molecular and cellular basis of immune protection of mucosal surfaces." Physiol Rev **72**(4): 853-79.

Kraehenbuhl, J. P. and M. R. Neutra (1992). "Transepithelial transport and mucosal defence II: secretion of IgA." Trends Cell Biol **2**(6): 170-4.

Kraehenbuhl, J. P. and M. R. Neutra (2000). "Epithelial M cells: differentiation and function." Annu Rev Cell Dev Biol **16**: 301-32.

Kraehenbuhl, J. P. and M. R. Neutra. (1992). "Molecular and cellular basis of immune protection of mucosal surfaces." Physiol Rev **72**: 853-879.

Krahenbuhl, J. P. and M. R. Neutra. (2000). "Epithelial M cells: differentiation and function." Annu. Rev. Cell Dev. Biol. **16**: 301-332.

Kunkel, D., D. Kirchhoff, et al. (2003). "Visualization of peptide presentation following oral application of antigen in normal and Peyer's patches-deficient mice." Eur J Immunol **33**(5): 1292-301.

Lan, R. Y., I. R. Mackay, et al. (2007). "Regulatory T cells in the prevention of mucosal inflammatory diseases: patrolling the border." J Autoimmun **29**(4): 272-80.

Langhendries, J. P. (2006). "[Early bacterial colonisation of the intestine: why it matters?]." Arch Pediatr **13**(12): 1526-34.

Lay, C., M. Sutren, et al. (2005). "Design and validation of 16S rRNA probes to enumerate members of the Clostridium leptum subgroup in human faecal microbiota." Environ Microbiol **7**(7): 933-46.

Legrand, D., E. Elass, et al. (2006). "Interactions of lactoferrin with cells involved in immune function." Biochem Cell Biol **84**(3): 282-90.

Levay, P. F. and M. Viljoen (1995). "Lactoferrin: a general review." Haematologica **80**(3): 252-67.

Leveugle, B., J. Mazurier, et al. (1993). "Lactotransferrin binding to its platelet receptor inhibits platelet aggregation." Eur J Biochem **213**(3): 1205-11.

Ley, R. E., F. Backhed, et al. (2005). "Obesity alters gut microbial ecology." Proc Natl Acad Sci U S A **102**(31): 11070-5.

Lilly, D. M. and R. H. Stillwell (1965). "Probiotics: Growth-Promoting Factors Produced by Microorganisms." Science **147**: 747-8.

Liu, N. Q., A. S. Lossinsky, et al. (2002). "Human immunodeficiency virus type 1 enters brain microvascular endothelia by macropinocytosis dependent on lipid rafts and the mitogen-activated protein kinase signaling pathway." J Virol **76**(13): 6689-700.

Ljungh, A. and T. Wadstrom (2006). "Lactic acid bacteria as probiotics." Curr Issues Intest Microbiol **7**(2): 73-89.

Lopez-Boado, Y. S., C. L. Wilson, et al. (2000). "Bacterial exposure induces and activates matrilysin in mucosal epithelial cells." J Cell Biol **148**(6): 1305-15.

Macfarlane, G. T., H. Steed, et al. (2008). "Bacterial metabolism and health-related effects of galacto-oligosaccharides and other prebiotics." J Appl Microbiol **104**(2): 305-44.

Macfarlane, S., G. T. Macfarlane, et al. (2006). "Review article: prebiotics in the gastrointestinal tract." Aliment Pharmacol Ther **24**(5): 701-14.

Machnicki, M., M. Zimecki, et al. (1993). "Lactoferrin regulates the release of tumour necrosis factor alpha and interleukin 6 in vivo." Int J Exp Pathol **74**(5): 433-9.

Macpherson, A. J. and N. L. Harris (2004). "Interactions between commensal intestinal bacteria and the immune system." Nat Rev Immunol 4(6): 478-85.

Macpherson, A. J. and N. L. Harris. (2004). "Interaction between commensal intestinal bacteria and the immune system." Nat. Rev. Immunol. 4: 478-485.

Macpherson, A. J., L. Hunziker, et al. (2001). "IgA responses in the intestinal mucosa against pathogenic and non-pathogenic microorganisms." Microbes Infect 3(12): 1021-35.

Macpherson, A. J. and T. Uhr (2004). "Induction of protective IgA by intestinal dendritic cells carrying commensal bacteria." Science 303(5664): 1662-5.

Makino, S., S. Ikegami, et al. (2006). "Immunomodulatory effects of polysaccharides produced by Lactobacillus delbrueckii ssp. bulgaricus OLL1073R-1." J Dairy Sci 89(8): 2873-81.

Maldonado Galdeano, C. and G. Perdigón (2006). "The probiotic bacterium Lactobacillus casei induces activation of the gut mucosal immune system through innate immunity." Clinical and Vaccine Immunology 13 (2) 219-226.

Maneva, A. I., L. M. Sirakov, et al. (1983). "Lactoferrin binding to neutrophilic polymorphonuclear leucocytes." Int J Biochem 15(7): 981-4.

Mann, D. M., E. Romm, et al. (1994). "Delineation of the glycosaminoglycan-binding site in the human inflammatory response protein lactoferrin." J Biol Chem 269(38): 23661-7.

Mann, G. V. (1974). "Studies of a surfactant and cholesteremia in the Maasai." Am J Clin Nutr 27(5): 464-9.

Marignani, M., S. Angeletti, et al. (2004). "Acute infectious diarrhea." N Engl J Med 350(15): 1576-7; author reply 1576-7.

Marks, D. L. and R. E. Pagano (2002). "Endocytosis and sorting of glycosphingolipids in sphingolipid storage disease." Trends Cell Biol 12(12): 605-13.

Marteau, P., P. Pochart, et al. (1992). "[Survival of Lactobacillus acidophilus and Bifidobacterium sp. in the small intestine following ingestion in fermented milk. A rational basis for the use of probiotics in man]." Gastroenterol Clin Biol 16(1): 25-8.

Marteau, P. and P. Seksik (2005). Probiotiques et alicaments. Bactéries lactiques et probiotiques. Lavoisier. Londres-Paris-New York: 254-289.

Martins, C. A., M. G. Fonteles, et al. (1995). "Correlation of lactoferrin with neutrophilic inflammation in body fluids." Clin Diagn Lab Immunol 2(6): 763-5.

Masson, P. L. and J. F. Heremans (1971). "Lactoferrin in milk from different species." Comp Biochem Physiol B **39**(1): 119-29.

Masson, P. L., J. F. Heremans, et al. (1969). "Lactoferrin, an iron-binding protein in neutrophilic leukocytes." J Exp Med **130**(3): 643-58.

Matrosovich, M., H. Miller-Podraza, et al. (1996). "Influenza viruses display high-affinity binding to human polyglycosylceramides represented on a solid-phase assay surface." Virology **223**(2): 413-6.

Mattsby-Baltzer, I., A. Roseanu, et al. (1996). "Lactoferrin or a fragment thereof inhibits the endotoxin-induced interleukin-6 response in human monocytic cells." Pediatr Res **40**(2): 257-62.

McCormick, J. A., G. M. Markey, et al. (1991). "Lactoferrin-inducible monocyte cytotoxicity for K562 cells and decay of natural killer lymphocyte cytotoxicity." Clin Exp Immunol **83**(1): 154-6.

McCracken, V. J. and R. G. Lorenz (2001). "The gastrointestinal ecosystem: a precarious alliance among epithelium, immunity and microbiota." Cell Microbiol **3**(1): 1-11.

Medici M., V. C.G., et al. (2004). "Gut mucosal immunomodulation by probiotic fresh cheese." International Dairy Journal **14**: 611-618.

Melmed, G., L. S. Thomas, et al. (2003). "Human intestinal epithelial cells are broadly unresponsive to Toll-like receptor 2-dependent bacterial ligands: implications for host-microbial interactions in the gut." J Immunol **170**(3): 1406-15.

Merrill, A. H., Jr., E. M. Schmelz, et al. (1997). "Importance of sphingolipids and inhibitors of sphingolipid metabolism as components of animal diets." J Nutr **127**(5 Suppl): 830S-833S.

Metchnikoff, E. (1907). "The prolongation of life. Optimistic Studies. London:William Heinemann;."

Michalek, S. M., H. Kiyono, et al. (1982). "Lipopolysaccharide (LPS) regulation of the immune response: LPS influence on oral tolerance induction." J Immunol **128**(5): 1992-8.

Midtvedt, A. C. and T. Midtvedt (1992). "Production of short chain fatty acids by the intestinal microflora during the first 2 years of human life." J Pediatr Gastroenterol Nutr **15**(4): 395-403.

Mikogami, T., M. Heyman, et al. (1994). "Apical-to-basolateral transepithelial transport of human lactoferrin in the intestinal cell line HT-29cl.19A." Am J Physiol **267**(2 Pt 1): G308-15.

Mikogami, T., T. Marianne, et al. (1995). "Effect of intracellular iron depletion by picolinic acid on expression of the lactoferrin receptor in the human colon carcinoma cell subclone HT29-18-C1." Biochem J **308 (Pt 2)**: 391-7.

Milling, S. W., L. Cousins, et al. (2005). "How do DCs interact with intestinal antigens?" Trends Immunol **26**(7): 349-52.

Mincheva-Nilsson, L., M. L. Hammarstrom, et al. (1990). "Human milk contains proteins that stimulate and suppress T lymphocyte proliferation." Clin Exp Immunol **79**(3): 463-9.

Mitsutake, S., T. J. Kim, et al. (2004). "Ceramide kinase is a mediator of calcium-dependent degranulation in mast cells." J Biol Chem **279**(17): 17570-7.

Miyazawa, K., C. Mantel, et al. (1991). "Lactoferrin-lipopolysaccharide interactions. Effect on lactoferrin binding to monocyte/macrophage-differentiated HL-60 cells." J Immunol **146**(2): 723-9.

Moller, C., W. Bockelmann, et al. (2007). "Production of yoghurt with mild taste by a Lactobacillus delbrueckii subsp. bulgaricus mutant with altered proteolytic properties." Biotechnol J **2**(4): 469-79.

Montalto, M., V. Curigliano, et al. (2006). "Management and treatment of lactose malabsorption." World J Gastroenterol **12**(2): 187-91.

Moreau, M. C. (2001). "Les probiotiques : des microorganismes bénéfiques pour notresystème immunitaire ?" Chelé-Doc **Numéro 63.**(Janvier/Février).

Moreau, M. C. (2005). Bactéries lactiques probiotiques et immunité. Bactéries lactiques et probiotiques. Lavoisier: 211-253.

Moreau, M. C. and V. Gaboriau-Rauthiau (2000). Influence of resident intestinal microflora on the development and functions of the Gut-Associated Lymphoid tissu. . Probiotics 3 Immunomodulation by the Gut Microflora and Probiotics ; page 69-114. Springer.

Mossmann, T. R. and R. L. Coffman. (1989). "Th1 and Th2 cells: Different patterns of lymphokine secretion lead to different functional properties." Annu. Rev. Immunol **7**: 145–173.

Mott, G. E., R. W. Moore, et al. (1973). "Lowering of serum cholesterol by intestinal bacteria in cholesterol-fed piglets." Lipids **8**(7): 428-31.

Mottet, C. and P. Michetti (2005). "Probiotics: wanted dead or alive." Dig Liver Dis **37**(1): 3-6.

Mouton, G. (2004). Ecosysteme intestinal et santé optimale.

Mowat, A. M. (2003). "Anatomical basis of tolerance and immunity to intestinal antigens." Nat Rev Immunol **3**(4): 331-41.

Naidu, A. S., W. R. Bidlack, et al. (1999). "Probiotic spectra of lactic acid bacteria (LAB)." Crit Rev Food Sci Nutr **39**(1): 13-126.

Naot, D., A. Grey, et al. (2005). "Lactoferrin--a novel bone growth factor." Clin Med Res **3**(2): 93-101.

Nelson, J. B., S. P. O'Hara, et al. (2006). "Cryptosporidium parvum infects human cholangiocytes via sphingolipid-enriched membrane microdomains." Cell Microbiol **8**(12): 1932-45.

Neutra, M. R. and J. P. Kraehenbuhl (1992). "Transepithelial transport and mucosal defence I: the role of M cells." Trends Cell Biol **2**(5): 134-8.

Newberry, R. D., J. S. McDonough, et al. (2001). "Spontaneous and continuous cyclooxygenase-2-dependent prostaglandin E2 production by stromal cells in the murine small intestine lamina propria: directing the tone of the intestinal immune response." J Immunol **166**(7): 4465-72.

Newburg, D. S. and P. Chaturvedi (1992). "Neutral glycolipids of human and bovine milk." Lipids **27**(11): 923-7.

Nibbering, P. H., E. Ravensbergen, et al. (2001). "Human lactoferrin and peptides derived from its N terminus are highly effective against infections with antibiotic-resistant bacteria." Infect Immun **69**(3): 1469-76.

Niess, J. H., S. Brand, et al. (2005). "CX3CR1-mediated dendritic cell access to the intestinal lumen and bacterial clearance." Science **307**(5707): 254-8.

Nikoskelainen, S., S. Salminen, et al. (2001). "Characterization of the properties of human- and dairy-derived probiotics for prevention of infectious diseases in fish." Appl Environ Microbiol **67**(6): 2430-5.

Nillesse, N., A. Pierce, et al. (1994). "Expression of the lactotransferrin receptor during the differentiation process of the megakaryocyte Dami cell line." Biol Cell **82**(2-3): 149-59.

Nishiya, K. and D. A. Horwitz (1982). "Contrasting effects of lactoferrin on human lymphocyte and monocyte natural killer activity and antibody-dependent cell-mediated cytotoxicity." J Immunol **129**(6): 2519-23.

Ogretmen, B. and Y. A. Hannun (2004). "Biologically active sphingolipids in cancer pathogenesis and treatment." Nat Rev Cancer **4**(8): 604-16.

Oozeer, R., N. Goupil-Feuillerat, et al. (2002). "Lactobacillus casei is able to survive and initiate protein synthesis during its transit in the digestive tract of human flora-associated mice." Appl Environ Microbiol. **68**(7): 3570-4. .

Oseas, R., H. H. Yang, et al. (1981). "Lactoferrin: a promoter of polymorphonuclear leukocyte adhesiveness." Blood 57(5): 939-45.

Otte, J. M., E. Cario, et al. (2004). "Mechanisms of cross hyporesponsiveness to Toll-like receptor bacterial ligands in intestinal epithelial cells." Gastroenterology 126(4): 1054-70.

Otten, M. A. and M. van Egmond (2004). "The Fc receptor for IgA (FcalphaRI, CD89)." Immunol Lett 92(1-2): 23-31.

Ouellette, A. J. (1997). "Paneth cells and innate immunity in the crypt microenvironment." Gastroenterology 113(5): 1779-84.

Ouellette, A. J. and C. L. Bevins (2001). "Paneth cell defensins and innate immunity of the small bowel." Inflamm Bowel Dis 7(1): 43-50.

Ouwehand, A. and S. Vesterlund (2003). "Health aspects of probiotics." IDrugs 6(6): 573-80.

Ouwehand, A. C., P. V. Kirjavainen, et al. (1999). "Adhesion of probiotic micro-organisms to intestinal mucus." International Dairy Journal 9(9): 623-630.

Ouwehand, A. C., S. Salminen, et al. (2002). "Probiotics: an overview of beneficial effects." Antonie Van Leeuwenhoek 82(1-4): 279-89.

Parker, R. (1974). "Probiotic: the other half of the antibiotic story." Anim Nutr Health 29: 4-8.

Paul-Eugene, N., B. Dugas, et al. (1993). "[Immunomodulatory and anti-oxidant effects of bovine lactoferrin in man]." C R Acad Sci III 316(2): 113-9.

Peen, E., S. Enestrom, et al. (1996). "Distribution of lactoferrin and 60/65 kDa heat shock protein in normal and inflamed human intestine and liver." Gut 38(1): 135-40.

Peen, E., A. Johansson, et al. (1998). "Hepatic and extrahepatic clearance of circulating human lactoferrin: an experimental study in rat." Eur J Haematol 61(3): 151-9.

Pena, J. A., S. Y. Li, et al. (2004). "Genotypic and phenotypic studies of murine intestinal lactobacilli: species differences in mice with and without colitis." Appl Environ Microbiol 70(1): 558-68.

Perdigon, G., M. E. de Macias, et al. (1986). "Effect of perorally administered lactobacilli on macrophage activation in mice." Infect Immun 53(2): 404-10.

Perdigon, G., R. Fuller, et al. (2001). "Lactic acid bacteria and their effect on the immune system." Curr Issues Intest Microbiol 2(1): 27-42.

Perdigon, G., C. Maldonado Galdeano, et al. (2002). "Interaction of lactic acid bacteria with the gut immune system." Eur J Clin Nutr **56 Suppl 4**: S21-6.

Pereira, D. I. and G. R. Gibson (2002). "Effects of consumption of probiotics and prebiotics on serum lipid levels in humans." Crit Rev Biochem Mol Biol **37**(4): 259-81.

Pettus, B. J., K. Kitatani, et al. (2005). "The coordination of prostaglandin E2 production by sphingosine-1-phosphate and ceramide-1-phosphate." Mol Pharmacol **68**(2): 330-5.

Phuapradit, P., W. Varavithya, et al. (1999). "Reduction of rotavirus infection in children receiving bifidobacteria-supplemented formula." J Med Assoc Thai **82 Suppl 1**: S43-8.

Pierce, A., D. Colavizza, et al. (1991). "Molecular cloning and sequence analysis of bovine lactotransferrin." Eur J Biochem **196**(1): 177-84.

Plaut, A. G. (1997). "Trefoil peptides in the defense of the gastrointestinal tract." N Engl J Med **336**(7): 506-7.

Popik, W., T. M. Alce, et al. (2002). "Human immunodeficiency virus type 1 uses lipid raft-colocalized CD4 and chemokine receptors for productive entry into CD4(+) T cells." J Virol **76**(10): 4709-22.

Pridmore, R. D., B. Berger, et al. (2004). "The genome sequence of the probiotic intestinal bacterium Lactobacillus johnsonii NCC 533." Proc Natl Acad Sci U S A **101**(8): 2512-7.

Prieschl, E. E. and T. Baumruker (2000). "Sphingolipids: second messengers, mediators and raft constituents in signaling." Immunol Today **21**(11): 555-60.

Rada, V. (1997). "Effect of Kluyveromyces marxianus on the growth and survival of bifidobacteria in milk." Folia Microbiol (Praha) **42**(2): 145-8.

Rada, V. and J. Petr (2000). "A new selective medium for the isolation of glucose non-fermenting bifidobacteria from hen caeca." J Microbiol Methods **43**(2): 127-32.

Rada, V., K. Sirotek, et al. (1999). "Evaluation of selective media for bifidobacteria in poultry and rabbit caecal samples." Zentralbl Veterinarmed B **46**(6): 369-73.

Radin, N. S. (2003). "Killing tumours by ceramide-induced apoptosis: a critique of available drugs." Biochem J **371**(Pt 2): 243-56.

Raisova, M., G. Goltz, et al. (2002). "Bcl-2 overexpression prevents apoptosis induced by ceramidase inhibitors in malignant melanoma and HaCaT keratinocytes." FEBS Lett **516**(1-3): 47-52.

Rakoff-Nahoum, S., J. Paglino, et al. (2004). "Recognition of commensal microflora by toll-like receptors is required for intestinal homeostasis." Cell 118(2): 229-41.

Rambaud, J.-C., J.-P. Buts, et al. (2004). "Flore microbienne intestinale." (ISBN:2-7420-0512-9).

Rebelo, I., F. Carvalho-Guerra, et al. (1995). "Lactoferrin as a sensitive blood marker of neutrophil activation in normal pregnancies." Eur J Obstet Gynecol Reprod Biol 62(2): 189-94.

Redwan el, R. M. and A. Tabll (2007). "Camel lactoferrin markedly inhibits hepatitis C virus genotype 4 infection of human peripheral blood leukocytes." J Immunoassay Immunochem 28(3): 267-77.

Reis e Sousa, C. (2006). "Dendritic cells in a mature age." Nat Rev Immunol 6(6): 476-83.

Renz, H., E. Mutius, et al. (2002). "T(H)1/T(H)2 immune response profiles differ between atopic children in eastern and western Germany." J Allergy Clin Immunol 109(2): 338-42.

Rescigno, M., M. Urbano, et al. (2001). "Dendritic cells express tight junction proteins and penetrate gut epithelial monolayers to sample bacteria." Nat Immunol 2(4): 361-7.

Richter, J., T. Andersson, et al. (1989). "Effect of tumor necrosis factor and granulocyte/macrophage colony-stimulating factor on neutrophil degranulation." J Immunol 142(9): 3199-205.

Rinkinen, M., K. Jalava, et al. (2003). "Interaction between probiotic lactic acid bacteria and canine enteric pathogens: a risk factor for intestinal Enterococcus faecium colonization?" Vet Microbiol 92(1-2): 111-9.

Roberfroid, M. B. (2000). "A European consensus of scientific concepts of functional foods." Nutrition 16(7-8): 689-91.

Rochard, E., D. Legrand, et al. (1992). "Characterization of lactotransferrin receptor in epithelial cell lines from non-malignant human breast, benign mastopathies and breast carcinomas." Anticancer Res 12(6B): 2047-51.

Roessler, A., U. Friedrich, et al. (2008). "The immune system in healthy adults and patients with atopic dermatitis seems to be affected differently by a probiotic intervention." Clin Exp Allergy 38(1): 93-102.

Roiron-Lagroux, D. and C. Figarella (1990). "Evidence for a different mechanism of lactoferrin and transferrin translocation on HT 29-D4 cells." Biochem Biophys Res Commun 170(2): 837-42.

Roiron-Lagroux, D. and C. Figarella (1994). "Further evidence of different lactoferrin and transferrin binding sites on human HT29-D4 cells. Effects of lysozyme, fucose and cathepsin G. Comparison with transferrin." Biochim Biophys Acta **1224**(3): 441-4.

Roiron, D., M. Amouric, et al. (1989). "Lactoferrin-binding sites at the surface of HT29-D4 cells. Comparison with transferrin." Eur J Biochem **186**(1-2): 367-73.

Roitt I., Brostoff J., et al. (1994). "Immunologie " (De Beck Université, Eds).

Rosenmund, A., J. Friedli, et al. (1988). "Plasmalactoferrin and the plasmalactoferrin/neutrophil ratio. A reassessment of normal values and of the clinical relevance." Acta Haematol **80**(1): 40-8.

Rousseau, V., J. P. Lepargneur, et al. (2005). "Prebiotic effects of oligosaccharides on selected vaginal lactobacilli and pathogenic microorganisms." Anaerobe **11**(3): 145-53.

Rushdi, T. A., C. Pichard, et al. (2004). "Control of diarrhea by fiber-enriched diet in ICU patients on enteral nutrition: a prospective randomized controlled trial." Clin Nutr **23**(6): 1344-52.

Salminen, S., C. Bouley, et al. (1998). "Functional food science and gastrointestinal physiology and function." Br J Nutr **80 Suppl** 1: S147-71.

Salminen, S., E. Isolauri, et al. (1996). "Clinical uses of probiotics for stabilizing the gut mucosal barrier: successful strains and future challenges." Antonie Van Leeuwenhoek **70**(2-4): 347-58.

Sanchez, L., M. Ismail, et al. (1996). "Iron transport across Caco-2 cell monolayers. Effect of transferrin, lactoferrin and nitric oxide." Biochim Biophys Acta **1289**(2): 291-7.

Saris, W. H., N. G. Asp, et al. (1998). "Functional food science and substrate metabolism." Br J Nutr **80 Suppl** 1: S47-75.

Savage, D. C., R. Dubos, et al. (1968). "The gastrointestinal epithelium and its autochthonous bacterial flora." J Exp Med **127**(1): 67-76.

Savage, D. C. and R. J. Dubos (1967). "Localization of Indigenous Yeast in the Murine Stomach." J Bacteriol **94**(6): 1811-1816.

Schaedler, R. W. and R. J. Dubos (1962). "The fecal flora of various strains of mice. Its bearing on their susceptibility to endotoxin." J Exp Med **115**: 1149-60.

Scharek, L., B. J. Altherr, et al. (2007). "Influence of the probiotic Bacillus cereus var. toyoi on the intestinal immunity of piglets." Vet Immunol Immunopathol **120**(3-4): 136-47.

Schell, M. A., M. Karmirantzou, et al. (2002). "The genome sequence of Bifidobacterium longum reflects its adaptation to the human gastrointestinal tract." Proc Natl Acad Sci U S A **99**(22): 14422-7.

Schiffrin, E. J. and S. Blum (2002). "Interactions between the microbiota and the intestinal mucosa." Eur J Clin Nutr **56 Suppl 3**: S60-4.

Schiffrin, E. J., D. Brassart, et al. (1997). "Immune modulation of blood leukocytes in humans by lactic acid bacteria: criteria for strain selection." Am J Clin Nutr **66**(2): 515S-520S.

Schiffrin, E. J., F. Rochat, et al. (1995). "Immunomodulation of human blood cells following the ingestion of lactic acid bacteria." J Dairy Sci **78**(3): 491-7.

Schiffrin, E. J., D. R. Thomas, et al. (2007). "Systemic inflammatory markers in older persons: the effect of oral nutritional supplementation with prebiotics." J Nutr Health Aging **11**(6): 475-9.

Scholz-Ahrens, K. E., G. Schaafsma, et al. (2001). "Effects of prebiotics on mineral metabolism." Am J Clin Nutr **73**(2 Suppl): 459S-464S.

Segui, B., N. Andrieu-Abadie, et al. (2006). "Sphingolipids as modulators of cancer cell death: Potential therapeutic targets." Biochimica et Biophysica Acta (BBA) - Biomembranes **1758**(12): 2104-2120.

Seksik, P., L. Rigottier-Gois, et al. (2003). "Alterations of the dominant faecal bacterial groups in patients with Crohn's disease of the colon." Gut **52**(2): 237-42.

Sghir, A., G. Gramet, et al. (2000). "Quantification of bacterial groups within human fecal flora by oligonucleotide probe hybridization." Appl Environ Microbiol **66**(5): 2263-6.

Shadid, R., M. Haarman, et al. (2007). "Effects of galactooligosaccharide and long-chain fructooligosaccharide supplementation during pregnancy on maternal and neonatal microbiota and immunity--a randomized, double-blind, placebo-controlled study." Am J Clin Nutr **86**(5): 1426-37.

Shanahan, F. (2002). "The host-microbe interface within the gut." Best Pract Res Clin Gastroenterol **16**(6): 915-31.

Shau, H., A. Kim, et al. (1992). "Modulation of natural killer and lymphokine-activated killer cell cytotoxicity by lactoferrin." J Leukoc Biol **51**(4): 343-9.

Shirota, K., L. LeDuy, et al. (1990). "Interleukin-6 and its receptor are expressed in human intestinal epithelial cells." Virchows Arch B Cell Pathol Incl Mol Pathol **58**(4): 303-8.

Simons, L. A., S. G. Amansec, et al. (2006). "Effect of Lactobacillus fermentum on serum lipids in subjects with elevated serum cholesterol." Nutr Metab Cardiovasc Dis **16**(8): 531-5.

Slater, K. and J. Fletcher (1987). "Lactoferrin derived from neutrophils inhibits the mixed lymphocyte reaction." Blood **69**(5): 1328-33.

Smaby, J. M., H. L. Brockman, et al. (1994). "Cholesterol's interfacial interactions with sphingomyelins and phosphatidylcholines: hydrocarbon chain structure determines the magnitude of condensation." Biochemistry **33**(31): 9135-42.

Smith, H. W. (1965). "Observations on the Flora of the Alimentary Tract of Animals and Factors Affecting Its Composition." J Pathol Bacteriol **89**: 95-122.

Sonnenburg, J. L., J. Xu, et al. (2005). "Glycan foraging in vivo by an intestine-adapted bacterial symbiont." Science **307**(5717): 1955-9.

Spears, R. W. and R. Freter (1967). "Improved isolation of anaerobic bacteria from the mouse cecum by maintaining continuous strict anaerobiosis." Proc Soc Exp Biol Med **124**(3): 903-9.

Sponaas, A. M., E. T. Cadman, et al. (2006). "Malaria infection changes the ability of splenic dendritic cell populations to stimulate antigen-specific T cells." J Exp Med **203**(6): 1427-33.

St-Onge, M. P., E. R. Farnworth, et al. (2000). "Consumption of fermented and nonfermented dairy products: effects on cholesterol concentrations and metabolism." Am J Clin Nutr **71**(3): 674-81.

Stanton, C., G. Gardiner, et al. (2001). "Market potential for probiotics." Am J Clin Nutr **73**(2 Suppl): 476S-483S.

Stappenbeck, T. S., L. V. Hooper, et al. (2002). "Developmental regulation of intestinal angiogenesis by indigenous microbes via Paneth cells." Proc Natl Acad Sci U S A **99**(24): 15451-5.

Stevens, V. L. and J. Tang (1997). "Fumonisin B1-induced sphingolipid depletion inhibits vitamin uptake via the glycosylphosphatidylinositol-anchored folate receptor." J Biol Chem **272**(29): 18020-5.

Stover, T. and M. Kester (2003). "Liposomal delivery enhances short-chain ceramide-induced apoptosis of breast cancer cells." J Pharmacol Exp Ther **307**(2): 468-75.

Strobel, S. and A. M. Mowat (1998). "Immune responses to dietary antigens: oral tolerance." Immunol Today **19**(4): 173-81.

Strobl, H. and W. Knapp (1999). "TGF-beta1 regulation of dendritic cells." Microbes Infect **1**(15): 1283-90.

Suau, A., R. Bonnet, et al. (1999). "Direct analysis of genes encoding 16S rRNA from complex communities reveals many novel molecular species within the human gut." Appl Environ Microbiol **65**(11): 4799-807.

Sudo, N., S. Sawamura, et al. (1997). "The requirement of intestinal bacterial flora for the development of an IgE production system fully susceptible to oral tolerance induction." J Immunol **159**(4): 1739-45.

Sudo, N., X. N. Yu, et al. (2002). "An oral introduction of intestinal bacteria prevents the development of a long-term Th2-skewed immunological memory induced by neonatal antibiotic treatment in mice." Clin Exp Allergy **32**(7): 1112-6.

Suzuki, Y. A. and B. Lönnerdal (2002). "Characterization of mammalian receptors for lactoferrin." Biochemistry and Cell Biology **80(1)**: 75-80.

Sweeney, E. A., J. Inokuchi, et al. (1998). "Inhibition of sphingolipid induced apoptosis by caspase inhibitors indicates that sphingosine acts in an earlier part of the apoptotic pathway than ceramide." FEBS Lett **425**(1): 61-5.

Tahri, K., J. P. Grill, et al. (1997). "Involvement of trihydroxyconjugated bile salts in cholesterol assimilation by bifidobacteria." Curr Microbiol **34**(2): 79-84.

Tamboli, C. P., C. Caucheteux, et al. (2003). "Probiotics in inflammatory bowel disease: a critical review." Best Pract Res Clin Gastroenterol **17**(5): 805-20.

Tanida, T., F. Rao, et al. (2001). "Lactoferrin peptide increases the survival of Candida albicans-inoculated mice by upregulating neutrophil and macrophage functions, especially in combination with amphotericin B and granulocyte-macrophage colony-stimulating factor." Infect Immun **69**(6): 3883-90.

Tannock, G. (1997). Normal microbiota of the gastrointestinal tract of rodents. . Gastrointestinal microbiology. R. I. Mackie and B. A. White. New York, N.Y., Chapman & Hall Microbiology series.

Taranto, M. P., M. Medici, et al. (1998). "Evidence for hypocholesterolemic effect of Lactobacillus reuteri in hypercholesterolemic mice." J Dairy Sci **81**(9): 2336-40.

Thakur, C. P. and A. N. Jha (1981). "Influence of milk, yoghurt and calcium on cholesterol-induced atherosclerosis in rabbits." Atherosclerosis **39**(2): 211-5.

Tharmaraj, N. and N. P. Shah (2003). "Selective enumeration of Lactobacillus delbrueckii ssp. bulgaricus, Streptococcus thermophilus, Lactobacillus acidophilus, bifidobacteria, Lactobacillus casei, Lactobacillus rhamnosus, and propionibacteria." J Dairy Sci **86**(7): 2288-96.

Thompson, C. R., S. S. Iyer, et al. (2005). "Sphingosine kinase 1 (SK1) is recruited to nascent phagosomes in human macrophages: inhibition of SK1 translocation by Mycobacterium tuberculosis." J Immunol **174**(6): 3551-61.

Thudichum, J. L. W. (1876). "The Popular Science Monthly." 724-727.

Tokura, Y., H. Wakita, et al. (1996). "Th2 suppressor cells are more susceptible to sphingosine than Th1 cells in murine contact photosensitivity." J Invest Dermatol **107**(1): 34-40.

Tortuero, F., A. Brenes, et al. (1975). "The influence of intestinal (ceca) flora on serum and egg yolk cholesterol levels in laying hens." Poult Sci **54**(6): 1935-8.

Tuohy, K. M., G. C. Rouzaud, et al. (2005). "Modulation of the human gut microflora towards improved health using prebiotics--assessment of efficacy." Curr Pharm Des **11**(1): 75-90.

Turnbaugh, P. J., R. E. Ley, et al. (2006). "An obesity-associated gut microbiome with increased capacity for energy harvest." Nature **444**(7122): 1027-31.

Ueta, E., T. Tanida, et al. (2001). "A novel bovine lactoferrin peptide, FKCRRWQWRM, suppresses Candida cell growth and activates neutrophils." J Pept Res **57**(3): 240-9.

Valnes, K., P. Brandtzaeg, et al. (1984). "Specific and nonspecific humoral defense factors in the epithelium of normal and inflamed gastric mucosa. Immunohistochemical localization of immunoglobulins, secretory component, lysozyme, and lactoferrin." Gastroenterology **86**(3): 402-12.

van Helvoort, A., M. L. Giudici, et al. (1997). "Transport of sphingomyelin to the cell surface is inhibited by brefeldin A and in mitosis, where C6-NBD-sphingomyelin is translocated across the plasma membrane by a multidrug transporter activity." J Cell Sci **110 (Pt 1)**: 75-83.

van Kleef, E., H. C. van Trijp, et al. (2005). "Functional foods: health claim-food product compatibility and the impact of health claim framing on consumer evaluation." Appetite **44**(3): 299-308.

van Niel, G., G. Raposo, et al. (2001). "Intestinal epithelial cells secrete exosome-like vesicles." Gastroenterology **121**(2): 337-49.

Van Snick, J. L. and P. L. Masson (1976). "The binding of human lactoferrin to mouse peritoneal cells." J. Exp. Med. **144**(6): 1568-1580.

Vesper, H., E. M. Schmelz, et al. (1999). "Sphingolipids in food and the emerging importance of sphingolipids to nutrition." J Nutr **129**(7): 1239-50.

Villadangos, J. A. and P. Schnorrer (2007). "Intrinsic and cooperative antigen-presenting functions of dendritic-cell subsets in vivo." Nat Rev Immunol **7**(7): 543-55.

Vitini, E., S. Alvarez, et al. (2000). "Gut mucosal immunostimulation by lactic acid bacteria." Biocell **24**(3): 223-32.

Vogel, H. J., D. J. Schibli, et al. (2002). "Towards a structure-function analysis of bovine lactoferricin and related tryptophan- and arginine-containing peptides." Biochemistry and Cell Biology **80**: 49-63.

Vorland, L. H. (1999). "Lactoferrin: a multifunctional glycoprotein." Apmis **107**(11): 971-81.

Vorland, L. H., H. Ulvatne, et al. (1998). "Lactoferricin of bovine origin is more active than lactoferricins of human, murine and caprine origin." Scand J Infect Dis **30**(5): 513-7.

Wan, C. P., C. S. Park, et al. (1993). "A rapid and simple microfluorometric phagocytosis assay." J Immunol Methods **162**(1): 1-7.

Wang, K. Y., S. N. Li, et al. (2004). "Effects of ingesting Lactobacillus- and Bifidobacterium-containing yogurt in subjects with colonized Helicobacter pylori." Am J Clin Nutr **80**(3): 737-41.

Wang, W. P., M. Iigo, et al. (2000). "Activation of intestinal mucosal immunity in tumor-bearing mice by lactoferrin." Jpn J Cancer Res **91**(10): 1022-7.

Ward, P. P., S. Uribe-Luna, et al. (2002). "Lactoferrin and host defense." Biochem Cell Biol **80**(1): 95-102.

Watanabe, M., Y. Ueno, et al. (1995). "Interleukin 7 is produced by human intestinal epithelial cells and regulates the proliferation of intestinal mucosal lymphocytes." J Clin Invest **95**(6): 2945-53.

Weiner, R. E. and S. Szuchet (1975). "The molecular weight of bovine lactoferrin." Biochim Biophys Acta **393**(1): 143-7.

Williamson, E., G. M. Westrich, et al. (1999). "Modulating dendritic cells to optimize mucosal immunization protocols." J Immunol **163**(7): 3668-75.

Wilson, N. S., D. El-Sukkari, et al. (2003). "Most lymphoid organ dendritic cell types are phenotypically and functionally immature." Blood **102**(6): 2187-94.

Wilson, N. S. and J. A. Villadangos (2004). "Lymphoid organ dendritic cells: beyond the Langerhans cells paradigm." Immunol Cell Biol **82**(1): 91-8.

Wilson, N. S. and J. A. Villadangos (2005). "Regulation of antigen presentation and cross-presentation in the dendritic cell network: facts, hypothesis, and immunological implications." Adv Immunol **86**: 241-305.

Wold, A. E. (1998). "The hygiene hypothesis revised: is the rising frequency of allergy due to changes in the intestinal flora?" Allergy **53**(46 Suppl): 20-5.

Wolf, J. S., G. Li, et al. (2007). "Oral lactoferrin results in T cell-dependent tumor inhibition of head and neck squamous cell carcinoma in vivo." Clin Cancer Res 13(5): 1601-10.

Wong, C. W., A. H. Liu, et al. (1997). "Influence of whey and purified whey proteins on neutrophil functions in sheep." J Dairy Res 64(2): 281-8.

Wong, C. W., H. F. Seow, et al. (1997). "Effects of purified bovine whey factors on cellular immune functions in ruminants." Vet Immunol Immunopathol 56(1-2): 85-96.

Wong, J. M., R. de Souza, et al. (2006). "Colonic health: fermentation and short chain fatty acids." J Clin Gastroenterol 40(3): 235-43.

Wostmann, B. S. and J. R. Pleasants (1991). "The germ-free animal fed chemically defined diet: a unique tool." Proc Soc Exp Biol Med 198(1): 539-46.

Xu, Y. Y., Y. H. Samaranayake, et al. (1999). "In vitro susceptibility of Candida species to lactoferrin." Med Mycol 37(1): 35-41.

Zagulski, T., P. Lipinski, et al. (1989). "Lactoferrin can protect mice against a lethal dose of Escherichia coli in experimental infection in vivo." Br J Exp Pathol 70(6): 697-704.

Zeidan, Y. H. and Y. A. Hannun (2007). "Translational aspects of sphingolipid metabolism." Trends in Molecular Medicine 13(8): 327-336.

Zhang, G. H., D. M. Mann, et al. (1999). "Neutralization of endotoxin in vitro and in vivo by a human lactoferrin-derived peptide." Infect Immun 67(3): 1353-8.

Zheng, W., J. Kollmeyer, et al. (2006). "Ceramides and other bioactive sphingolipid backbones in health and disease: Lipidomic analysis, metabolism and roles in membrane structure, dynamics, signaling and autophagy." Biochimica et Biophysica Acta (BBA) - Biomembranes 1758(12): 1864-1884.

Zimecki, M., J. Mazurier, et al. (1991). "Immunostimulatory activity of lactotransferrin and maturation of CD4- CD8- murine thymocytes." Immunol Lett 30(1): 119-23.

Zimecki, M., J. Mazurier, et al. (1995). "Human lactoferrin induces phenotypic and functional changes in murine splenic B cells." Immunology 86(1): 122-7.

Zinkernagel, R. M. and H. Hengartner (1997). "Antiviral immunity." Immunol Today 18(6): 258-60.

Zoetendal, E. G., C. T. Collier, et al. (2004). "Molecular ecological analysis of the gastrointestinal microbiota: a review." J Nutr 134(2): 465-72.

Zucali, J. R., H. E. Broxmeyer, et al. (1989). "Lactoferrin decreases monocyte-induced fibroblast production of myeloid colony-stimulating activity by suppressing monocyte release of interleukin-1." Blood **74**(5): 1531-6.

Zuccotti, G. V., A. Vigano, et al. (2007). "Modulation of innate and adaptive immunity by lactoferrin in human immunodeficiency virus (HIV)-infected, antiretroviral therapy-naive children." Int J Antimicrob Agents **29**(3): 353-5.

ANNEXES

Annexe 1 : Fiches de technique des ingrédients ajoutés.

- **TMO203**

		TM0203 SPEC70 FrNR		
		18/12/2003		Méthode d'analyse
		(g/100 g poudre)		
Humidité		6,0		
Protéine	(Nx6,54)	87,5		
Cendres		6,0		
Glucide	(par différence)	0,5		
		Composition protéique		
β-Lg	(Valeur en HPLC-GPC)x90%	68,49	(77,8)	HPLC-GPC
α-La	(Valeur en HPLC-GPC)x90%	5,40	(6,1)	idem
CGMP		8,40	(9,5)	idem
BSA		5,70	(6,5)	idem
Lf		<0,01	(0,0)	HPLC-AEX
Total		87,99	(100,0)	

- **SM3**

Description

La poudre SM3 est le produit obtenu par le séchage de la phase aqueuse ultrafiltrée d'une crème laitière pasteurisée obtenue au cours du process physique de production de la Matière Grasse de Lait Anhydre (MGLA).

Données types

Humidité	: max. 4.5 %
Protéines	: 42.0 – 47.0 %
Lactose	: 20.0 – 25.0 %
Matière grasse totale	: 21.0 – 26.0 %
dont - lipides neutres	: 7.0 – 11.0 %
- phospholipides	: 11.0 – 15.0 %
- phosphatidylcholine	: min. 3.3 % (valeur type : 4.0 %)
- phosphatidyléthanolamine	: min. 2.6 % (valeur type : 3.2 %)
- phosphatidylsérine	: min. 1.1 % (valeur type : 1.6 %)
- sphingomyéline [1]	: min. 2.0 % (valeur type : 2.6 %)
- phosphatidylinositol	: min. 0.7 % (valeur type : 0.9 %)
- glycosphingolipides [2]	: 3.0 – 4.5 %
dont gangliosides (60 à 70% GD3)	: min. 0.3 % (valeur : 0.4 %)
- [1] + [2] : sphingolipides	: 5.0 – 8.0 %
Cendres	: 5.0 – 7.0 %
pH	: 6.5 – 6.8
Particules brûlées	: disque B max.
Goût	: franc et pur
Couleur	: légèrement jaune, crème
Indice de solubilité	: max. 0.5 ml

Informations microbiologiques

Germes totaux (à 30°C)	: max. 20 000 / g
Coliformes	: absence / 0.2 g
Levures et moisissures	: max. 100 / g
Salmonelles	: absence / 25 g
Listeria monocytogenes	: absence / 25 g

Données nutritionelles *(pour 100 g)*

Protides	: 44.0 g
Glucides	: 22.0 g
Lipides	: 23.5 g
Energie	: 476 kcal ou 1992 kJ

Conditionnement

Sacs de 25 kg, papier Kraft, 4 épaisseurs avec film intérieur en polyéthylène.

Conservation recommandée

6 mois dans un endroit frais et sec.

- **LF 1401**

Description

Lactoferrine de lait de vache.
La lactoferrine possède des propriétés particulières :
- elle ralentit sélectivement le développement des bactéries enterophatogènes (par ferri-privation)
- elle favorise la croissance des bifidobactéries
- elle manifeste des propriétés immunostimulantes
- elle contribue au transport et à l' absorption du fer par l' organisme
- elle s'oppose aux réactions d'oxydation par les radicaux libres.

Exemples d'utilisation

FORMULATIONS DIETETIQUES , COSMETIQUES, PHARMACEUTIQUES.
PREPARATIONS VETERINAIRES.

Caractéristiques physiques

Aspect	Poudre
Couleur	Rose
pH	6,1 - 7,1
Solubilité	98 (solution aqueuse à 2%)

Composition chimique

Protéines (NTx6,38)	94,5 % min
Humidité	4,5 % max
Cendres	1 % max
Lactoferrine (sur sec)	94 % min
Fer	30 mg max par 100 g

Analyses microbiologiques

Flore aérobie mésophile	1 000 /g max
Coliformes	Absence /0,1 g
Levures + moisissures	50 /g max
Staphylococcus Aureus	Absence /0,1 g
Salmonelles	Absence /5 g

Conditionnement

10 kg en sacs polyéthylène double enveloppe .
Autres volumes sur demande.

Stockage

A stocker dans un endroit sec à 4° C, pour une conservation de 2 ans à compter de la date de fabrication.

Annexe 2 : Composition et préparation des milieux de culture

- **Gélose MRS**

Composé	Quantité (g/L d'eau distillée)
Peptone	10
Extrait de levure	4
Extrait de viande	8
Glucose	20
Hydrogénophosphate de potassium	2
Acétate de sodium	5
Citrate d'ammonium	2
Sulfate de magnésium	0,2
Sulfate de manganèse	0,05
Tween 80	1 (mL/L)
Agar	10
pH final = 6.2	

Mélanger 62g de poudre dans 1L d'eau distillée. Homogénéiser et autoclaver 15 min à 121°C.

Pour faire du MRS acidifié à pH 5,2 ajouter 1   L d'acide acétique glacial par mL de milieu de culture jusqu'à atteindre pH 5,2 (vérifier au papier pH).

- **Gélose Rogosa**

Composé	Quantité (g/L d'eau distillée)
Pastone	10
Extrait de levure	5
Dihydrogénophosphate de potassium	6
Citrate d'ammonium	2
Glucose	20
Tween 80	1
Acétate de sodium	25
Sulfate de magnésium	0,575
Sulfate de manganèse	0,12
Sulfate ferreux	0,034
Agar	20
pH final = 5,4	

Mélanger 82g de poudre dans 1L d'eau distillée chaude. Ajouter 1,32 mL d'acide acétique glacial, mélanger soigneusement et porter à ébullition jusqu'à dissolution complète. Chauffer pendant 2-3 min à 90-100°C. Couler les boîtes sans autoclaver.

- **Gélose Wilkins Chalgren (MC) modifiée (MW)**

Composé	Quantité (g/L d'eau distillée)
Tryptone	10
Peptone de gélatine	10
Extrait de levures	5
Glucose	1
NaCl	5
L-Arginine	1
Sodium-pyruvate	1
Ménadione	5.10-4
Hémine	5.10-3
Agar	10
pH final = 7,1	

Mélanger 43g de poudre dans 1L d'eau distillée. Homogénéiser et autoclaver 15 min à 121°C. Après refroidissement à 50°C ajouter 10 mL de cystéine à 50 g/L stérilisée par filtration, 1 mL de tween 80 stérile, 0,1 g de mupirocine, environ 1 L d'acide acétique glacial par mL de milieu de culture pour atteindre le pH 5,2.

- **Milieu de dilution LCY**

Composé	Quantité (g/L d'eau distillée)
Casitone	2
Extrait de levure	2
NaCl	5
KH2PO4	1
Eau distillée	Qsp 1L

Dissoudre et autoclaver 15 min à 121°C.

Annexe3. Effet des régimes sur la concentration en triglycérides et NON-HDL$_{ch}$ sanguin.

Régimes			Triglycérides	NON-HDL$_{ch}$
	Lf	Pr	SM3		
R1	-	-	-	3,38 ± 2,14	2,03 ± 0,29
R2	-	+	-	0,96 ± 0,11	1,65 ± 0,07
R3	-	-	20%	1,22 ± 0,2	1,83 ± 0,07
R4	-	+	20%	1,84 ± 0,29	1,62 ± 0,1
R5	-	-	11%	1,06 ± 0,06	2,11 ± 0,23
R6	-	+	11%	2,67 ± 0,38	1,6 ± 0,06
R7	+	-	-	1,1 ± 0,07	1,79 ± 0,09
R8	+	-	11%	0,91 ± 0,03	1,96 ± 0,3

Les ingrédients ajoutés au régime de base sont décrits à côté de chaque régime : Lf : lactoferrine ; Pr : probiotiques ; SM3 : l'extrait de lait bovin contenant des lipides.

Les résultats présentés sont des moyennes des souris et des écart-types de moyenne.

PUBLICATIONS ET COMMUNICATIONS

Publications

«Effects of probiotics on peripheral and intestinal immunity in mice». Cuibai Fan, Anne-Marie Davila, Michel Dubarry, Shenghua Xia and Daniel Tome. *En préparation.*

«Effets of probiotics containing cheese on microflore and immune function in mice». Shenghua Xia, Anne-Marie Davila, Cuibai Fan, Michel Dubarry and Daniel Tome. *En préparation.*

Communications affichées

«Effect of lactoferrin, SM3 and probiotic bacteria on immune function in mice».
Semaine en science et technologie laitières, FIL-IDF, 12-16 mai 2008 (Québec, Canada).

«Effects of two probiotics on serum immunoglobulins and cells of spleen and Peyer's patches in mice».
International yakult symposium, 22-23 novembre 2007 (Vérone, Italy).

«Effects of probiotics on peripheral immunity and intestinal immunity in mice».
15ème colloque du Club des Bactéries Lactiques, 13-15 novembre 2007 (Renne, France).

«Serum cholesterol level in mice: effects of probiotics and milk lipid extracts».

FENS, 10-13 juillet 2007 (Paris, France).